The Beginning of Japan Wine

日本ワインの夜明け

〜葡萄酒造りを拓く〜

仲田道弘

Nakada Michihiro

創森社

はじめに

多くの日本人の歴史的な興味は、戦国時代と明治維新にあるといわれています。戦国時代においては、織田信長、豊臣秀吉、徳川家康、武田信玄、上杉謙信など、明治維新においては、坂本龍馬、西郷隆盛、大久保利通、高杉晋作、木戸孝允《こういん》、勝海舟などの人物が、ＮＨＫの大河ドラマに欠かせない主役として直ぐに思い浮かびます。そして、彼らを取り巻く様々な人物についても調査、研究がなされ、その群像や関係性が明らかになっています。

一方、同じ明治維新という時代背景のなかで誕生した日本ワインですが、その日本ワインに関わってきた人々についてはどうでしょう？　ここ数年来、日本ワインブームが続いているといわれていますが、ほとんどの人はワイン造りに夢と情熱をかけた明治の醸造家たちについて知らないのではないでしょうか。また、熱心なワインファンにしても、明治のワインの歴史は勝沼の二人の青年のフランス研修のみに集約、象徴化され、その他のことは意外にも空白といえるのではないでしょうか。

唯一、（一社）日本ソムリエ協会の教本では、これまでのフランスワインに代わり日本ワインを最初に紹介するようになり、甲府の山田宥《ゆう》教《きょう》から始まるその歴史についてもページを割いています。会長の田崎真也氏が「これまではフランスなどの外国ワインを日本人に伝えるのが日本のソムリエの仕事だったが、これからは日本のワインを世界に発信するのもソムリエの大きな仕事」と言っているためです。

ここ２、３年で、勝沼を中心とする山梨県の峡東エリアの棚式葡萄栽培が日本農業遺産に登録され、世界農業遺産への道も見えてきました。

また、この景観は歴史的な葡萄畑の風景として日本遺産に、さらに新たに国産葡萄で醸造する日本ワイン140年史が茨城県牛久《うしく》市とともに日本遺産に認定されました。加えて2018年10月には、「日本ワインと名乗るには日本で栽培された葡萄だけで醸造すること」などの日本ワインの規定が施行されるとともに、10年程前からはイギリスのロンドンを中心に甲州ワインが世界に進出し始め、次第に日本のワイン造りが国内そして世界のワインファンから注目を集めるようになってきました。

このように最近では日本ワインが注目を集めてきていますが、その歴史、特に明治時代に関わった人たちの群像については系統立てた調査、研究がされていない状況が続いていました。そこで、本書では、幕末から明治のワイン造りに関わった人物に焦点を当て、日本のワイン産業が市場をどのように形成してきたのか、その草創をたどることとしました。そこには多くの先覚者における夢と情熱あふれる取り組みが見られ、様々なチャレンジがありました。

当時の日本には、もちろんワイン市場そのものがありませんでした。そのようななかでも、日本のワイン造りは、米麦農業に使っていない山林などの荒廃地を開墾して葡萄を栽培し、その葡萄でワインを造り国の経済を富ますための取り組みに始まります。まずは日本に輸入されるワインに代わり市場を獲得して貿易不均衡を抑え、最終的には日本のワインを輸出して外貨を獲得しようとするものでした。

しかし、現実としては逆に国が豊かにならないと日本のワイン市場は拡大しませんでした。日本で醸造したワインの品質と価格、そして食事との相性で当時の食卓へ参入するにはハードルが高く、日清・日露戦争時における軍隊需要以外では生産に見合う需要を獲得することはできず、甘味《かんみ》葡萄酒の原料として何とか生き残るのが精一杯だったのです。

また、ワイン造りにおいて最も重要な葡萄畑の開拓にも、大きな障害が何度か訪れています。これは葡萄の栽培技術の不足というよりも、直接的には害虫フィロキセラによる被害、そして間接的には国の勧業制度の転換にありました。歴史を振り返ると、あの時大久保利通が暗殺されていなければと思ってしまうのは、私だけではないはずです。

「もし」という言葉は歴史には通用しませんが、もし明治11年（1878）に大久保が暗殺されていなければ、そしてフィロキセラが日本に発生していなければ、日本のワイン市場は一体どうなっていたのでしょう。

兵庫県の播州葡萄園の50haはもちろん、愛知県の知多半島に500haを超すヨーロッパ系品種の葡萄畑が生まれ、山梨県の県立葡萄酒醸造所も祝村の葡萄酒会社も生き残っていたでしょう。また、高野積成《さねしげ》や髙野正《まさ》誠《なり》の大規模葡萄園開拓も国から支援を得られ、実現していたかもしれません。川上善兵衛も品種交配をすることなく、ヨーロッパ系品種の葡萄で大規模な葡萄畑を開墾していたかもしれないのです。

残念ながらそうなりませんでしたが、その流れのなかではありますが多くの生食用葡萄畑が開拓され、今では全国でワイナリーが300を超すまでになりました。また、輸入ワインが中心とはいえ日本のワイン市場もしっかり育ってきました。今こそ、これまでの日本ワインの先覚者のチャレンジを振り返り、次の100年に向け、世界や日本のワイン市場で日本ワインの存在感を高めていく時に他ならないと考えます。日本ワインの歴史の空白を埋め、未来にはばたく時なのです。

2020年　8月　　　　　　　　　　　　　　　　仲田 道弘

日本ワインの夜明け～葡萄酒造りを拓く～◎もくじ

はじめに　1

序　章　国産ワイン造り―― 揺籃期の展開……9

始まりは横浜開港から　10
明治のワイン造りの展開　14

第１章　ワイン造りの夜明けをたどって……21

殖産興業の流れのなかで　22
第一回内国勧業博覧会に出品　25
赤ワイン醸造方法の習得に向けて　29
ワイン用葡萄の大規模栽培への挑戦　33
フィロキセラ被害　37
国産ワインは甘味葡萄酒の原材料に　41

第２章　ワイン造り草創に人あり志あり……49
―その１　萌芽期～官主導期

山田宥教と詫間憲久によるワイン造り事始め――50

山田宥教　50
大翁院をめぐって　51
山田宥教のワイン造り　53
詫間憲久　54
詫間憲久のワイン造り　56

山梨県立葡萄酒醸造所への移管 62
詫間酒造廃業の時期 65
追記 日本ワイン誕生の地「大翁院」を特定 67
津田仙の学農社と農業技術普及 ―― 69
津田仙 69
軍艦を引き取りにアメリカへ 70
ウィーン万博へ 72
学農社の農学校と農業雑誌 73
津田仙、甲府へ 76
大藤松五郎と山梨県立葡萄酒醸造所 ―― 79
大藤松五郎 79
大藤、カリフォルニアへ 80
カリフォルニアワイン王の長澤鼎との関係 85
山梨県立葡萄酒醸造所に勤務 87
明治10年の第一回内国勧業博覧会に出品 89
山梨県立葡萄酒醸造所の概要 91
桂二郎による葡萄栽培・ワイン醸造指導 ―― 95
桂二郎 95
山梨県が支援したドイツワイン留学 96
山梨県立勧業試験場から内務省へ 99
盛田葡萄園、藤田葡萄園の指導 101
桂二郎、北海道へ 103
アトキンソンと西川麻五郎の醸造化学、醸造技術普及 ―― 105
岩倉使節団によるフランスワイン産業の見聞 105
ロバート・ウィリアム・アトキンソン 106
西川麻五郎 108
醸造化学と醸造技術の実際 110

藤村紫朗と前田正名の勧業政策、物産振興──── 116
藤村紫朗 116
前田正名 121
福羽逸人と播州葡萄園 128

第3章 ワイン造り草創に人あり志あり ―その2 官主導期〜民間主導期 ……… 133

高野正誠と土屋龍憲のフランス研修と試練の醸造──── 134
農産加工が中心の村から 134
フランス研修のために会社設立 135
フランス研修の誓約書 138
フランス研修中の記録 139
「カラリット」はボルドーの赤ワイン 142
大日本山梨葡萄酒会社 143
ワインの品質、市場と会社解散 146
高野正誠の『葡萄三説』と大規模葡萄園構想 148
甲斐産商店から土屋合名会社、まるき葡萄酒へ 150
宮崎光太郎と大黒天印甲斐産葡萄酒──── 154
宮崎光太郎 154
大黒天印甲斐産葡萄酒 155
新しいブランドと積極的なＰＲ戦略 158
松本三良と二代目宮崎光太郎 161
高野積成の葡萄畑開拓・ワイン愛飲運動──── 165
高野積成 165
祝村葡萄酒会社から興業社へ 166
全財産を投入し、野州葡萄酒会社に参加 167

高野積成の葡萄畑開拓運動 169
甲州葡萄酒株式会社の開業 171
東洋葡萄酒株式会社からサドヤ醸造場へ 176
葡萄酒愛飲運動と富士葡萄業伝習所構想 178
神谷傳兵衛と近藤利兵衛の蜂印香竄葡萄酒——182
二人三脚で明治のワイン市場を牽引 182
神谷傳兵衛 183
近藤利兵衛 187
川上善兵衛と岩の原葡萄園、品種交配——190
川上善兵衛 190
大地主から葡萄栽培家へ 191
葡萄品種の交配 196
特記 明治から昭和へ —「宿命的風土論」を超えて 201

結 章 日本ワインに息づく開拓者精神……209
今に残る葡萄畑の風景 210
日本ワインの世界進出 212
ナチュラルワイン 214
夢の萌芽——ワイン専用葡萄の大規模栽培 219

◆主な参考・引用文献集覧 223
出版に寄せて 山梨県知事 長崎幸太郎 225
あとがき 226

• MEMO •

◆本書では、初めて産業として手がけた国産ワイン造りの揺籃期の取り組みを扱っている。なお、現在の国産ワインには、国産ブドウのみを原料としたワインのほか、輸入濃縮果汁やバルクワイン（原料ワイン）を原料としたワインも流通しており、消費者などにとってわかりにくいことから、2018年10月30日よりボトル詰の国産ワインの新しい表示ルールを適用（国税庁）。日本ワインは原料として国産ブドウ100％を使用し、日本国内で製造されたものだけ名乗れる、と定めている。

◆本文ではブドウは、時代背景から「葡萄」と表記。また、ワインは「ワイン」の表記を基本とし、固有名詞や文献引用などに関連するところ、および書名（副題）では「葡萄酒」を使用。なお、文献はわかりやすくするため、多くの部分を現代語訳にしている。

◆本文に登場する人物は、一部を除き敬称略。年号は和暦を基本とし、可能な限り（ ）内で西暦を併記している。

序章

国産ワイン造り
——揺籃期の展開

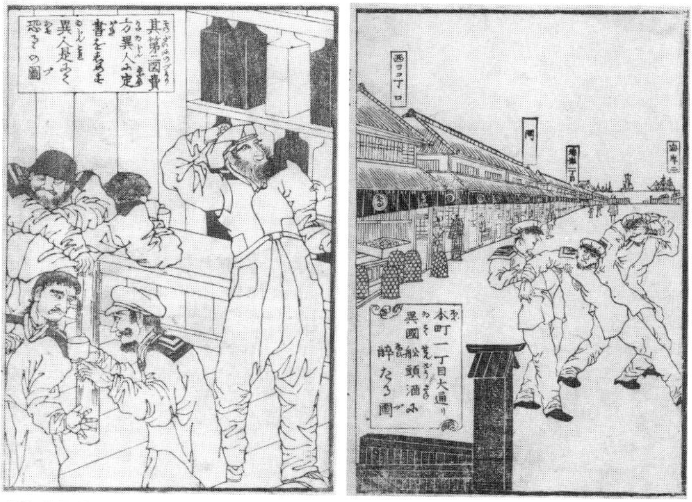

横浜開港 酒に酔いたる図。上の黒いビンは赤ワイン、白いビンは白ワイン。
横浜文庫 橋本蘭斎画（1862 ～ 1865）。国立国会図書館所蔵

始まりは横浜開港から

閉ざされた空間や環境のなかで、そこに生まれ暮らす人々の知恵と工夫が積み重なった生活様式が地域の伝統や文化といえます。なかでも江戸時代の約250年は、閉ざされた日本において全国各地でそれぞれ独自の文化を育んだ時期だったといえるのではないでしょうか。

そして、そのような安定した空間や時間を打ち破ったのが、幕末に起こった黒船来襲、開港でした。誰しもこれまで続いた制度が滅びるとは思っていなかったのでしょうが、わずか10年の間一気に250年の閉ざされた空間が解放されていったのでした。

様々な文化が押し寄せる

しかも、これまでにない様々な文化が世界中から押し寄せ、日本の文化や人々の暮らしに変化をもたらしてきたのです。そして、これを千載一遇のチャンスとしてとらえた地域の経済人もいました。山梨の篠原忠右衛門もその一人で、明治維新の10年前の安政６年（1859)、横浜港の開港と同時に甲州屋を開いて絹などの特産品の販売を始めたのです。この時の横浜における生糸相場は、これまでの国内相場の1.5倍の値がつき日本中の生糸が横浜に集まり出しました。甲州屋の場所は、三井越後屋横浜店の道をはさんで向かい側の一等地にあり、山梨、長野の生糸や蚕種などを外国人に販売していました。

ワインが本格的に日本に入ってきたのもこの時期です。フランスを中心とした欧米のワインが大量に入ってきます。これはもっぱら日本に訪れている欧米人が飲むためのワインでした。明治６年（1873）の統計によるとその量は４合ビン換算で約200万本、その７割がフランスからの輸入でした。つまり、横浜には大きなワイン市場があり、ここにワインを売り込もうと考えても不思議ではありませんでした。特に、既に葡萄が生産されている産地ではなおさらのことでした。

開港直後の万延元年（1860）外国人酒宴之図（国立国会図書館所蔵）では、既にワインを飲む姿が描かれている

さて、この時甲府の街の様子はどうだったのでしょうか。

イギリスの新聞記者ジョン・レディー・ブラックが編集刊行した「ザ・ファー・イースト」という英字の隔週刊誌があります。このなかに、明治４年（1871）の夏、横浜から駿府、富士登山、南部、身延、甲府、そして長野から前橋へとブラックらイギリス人３名が旅した記録があり、７月24日に甲府のことが書かれています。

「甲府は駿府に比べれば人口１万5000人の小さな町だが、いい旅館があってきれいな街並みだ」とされ、そして特筆すべきは「ヨーロッパの品々をいっぱい並べてある一軒の店があること」「その店にはイギリスのビールもあったこと」が記載されています。このことから、明治４年（1871）には横浜と同様に甲府でも、イギリスのビールだけではなくフランスのワインも既に販売されていた可能性が高いことがわかります。

さらに、７月25日の記録には「私たちは葡萄畑を見に外出した。葡萄畑は町の後方丘の上の斜面にあり、100エーカー（40ha）の地面を占めていた。葡萄の樹は５フィート（1.5m）ほどの高さのところで、直立する柱に支えられた樹の四つ目棚のところでたわめられ、その上を這っていた」とあります。

この「直立する柱に支えられた樹の四つ目棚」は、今も山梨の主流である甲州式棚栽培のことです。つまり、明治初年の甲府ではフランスのワインが売られ、葡萄畑も40haもあったのです。

明治時代の甲州葡萄栽培（「甲斐産葡萄酒沿革」所収）。竹で組まれた四つ目棚になっている

輸入ワインに接し、国産ワインを目指す

このような時代の流れを背中に受けて、甲府市広庭町の大翁院の山田宥教《ゆうきょう》は、明治以前から甲府と横浜を行き来して外国人居留地で輸入ワインに接し、国産ワイン造りにチャレンジしていったと考えられます。また、当時横浜にいた勝沼綿塚の小沢善平には、「ワインは将来必ず日本人の嗜好に適すると思い、その原料の栽培ならびに製造方法を習得しようと欲した」という記録も残っています。そして、横浜の甲州屋の2階はいつしか山梨関係者の宿泊所になり、ここで甲州商人の若尾一平や樋口一葉の父親などがビールやワイン、ブランデーを飲んだと伝えられています。

明治のワイン造りについて総合的にまとめた書籍に『大日本洋酒缶詰沿革史』があります。この本は、日本和洋酒缶詰新聞社が大正4年(1915) 7月に発行した歴史書で、洋酒編と缶詰編とに分かれています。洋酒編の執筆者は、当時の大蔵省主税局書記官の今村次吉《じきち》、技師の矢部規矩治《きくじ》で、洋酒については、特にビールとワインについての動きを詳細にまとめています。

巻頭では「本篇に関する資料は、税務監督局または税務署の調査によるところが多く」と述べられており、この記録は全国の税務署等から収集した情報を精査してまとめた記録ということがわかります。この書籍では、日本ワインの起源について次のような内容が記載されています。わかりやすくするため原文ではなく現代語訳として記載します。これからの引用などについても基本的に同様とします。

「日本の葡萄酒の起源を述べようとすれば、私は山梨県から書き始めなければならない。同県は葡萄の産地としてその名を国内にとどろかせ、既に明治三、四年ころ、甲府市広庭町（武田三丁目付近）の山田宥教、同八日町（中央三丁目付近）の詫間《たくま》憲久《のりひさ》の両人が共同して醸造を企て、それから明治十年には同県の勧業課において葡萄酒醸造場を設置しためざましい業績がある」

「山梨県における葡萄酒の起源はというと、明治三、四年のころ、甲府市広庭町の山田宥教、同八日町の詫間憲久の両人が共同して葡萄酒の醸造を開始し、製品を京浜方面に出荷したことが始まりである。おそらく山田宥教は維新前より野生の葡萄で葡萄酒を試醸しており、その成果が相当に良好だったので、詫間と共同経営をすることになったのだと考えられる」

このように、甲府市広庭町の山田宥教は、明治以前からワインの試醸を行っていて、「明治３、４年（1870、1871）のころ」には、同八日町の詫間憲久とともに販売を目的としてワイン造りを始めたのが日本のワイン造りの始まりといえます。現在、いくつかの新聞記事や書籍で、この二人は「共同醸造所」を設けたとの記述が見受けられますが、正しくは「共同経営をした」ということです。明治３年（1870）からは山田の大翁院で、明治７年（1874）からは詫間の日本酒蔵で、二人で共同して醸造をしたのです。

神奈川横濱新開港圖（神奈川県立図書館所蔵）。東油川村（現、笛吹市石和町）出身の篠原忠右衛門が開いた甲州屋は、図の右から４棟目で商っていたという

明治のワイン造りの展開

この明治３年（1870）から数えると、2020年の今年がちょうど150年目に当たります。この年を前に、私はワインに関係する様々な資料の原文などを読み解きながら、一昨年（2018）、明治のワイン造りの歴史をまとめた『日本ワイン誕生考』（山梨日日新聞社）を上梓しました。そこで明らかになってきたのが、明治の日本ワイン造りを俯瞰《ふかん》すると、大きく分けて次の三つの流れで展開されてきたということです。

萌芽期（幕末～明治初年）

幕末から明治の初めには、民間有志によるワイン造りがいち早く始まります。この時期は、日本におけるワイン造りの萌芽期といえ、欧米との通商条約が提携され横浜港などが開港して、多くの外国人が来日しワイン需要が高まるなかでのチャレンジでした。

慶応３年（1867）には、大政奉還が行われ新政府が樹立され、翌年の明治元年（1868）10月23日には、明治天皇の即位によって改元し明治となります。そして、明治４年（1871）、明治政府は廃藩置県を行って全

東京官園（函館市中央図書館所蔵）。ちょんまげに刀を差している人の姿が見られる

国各地に200を超す府県を置きながら、共通の通貨の発行や租税制度の確立など中央集権体制を整えていったのです。

そのころの横浜では、外国から輸入されたワインやビールなどの洋酒が消費されるだけではありませんでした。既に明治２年（1869）には、居留するアメリカ人のローゼンフェルトがビール造りを始めています。横浜山手46番地に、日本最初のビール醸造所ジャパン・ヨコハマ・ブルワリー（現、キリンビール）が建設され、アメリカから醸造器機類を輸入してビールが造られていました。

そこでは、ビールを造る麦芽やホップまで輸入されていたといいます。つまり、この時期には既にビール醸造の技術や酵母は外国人の手によって日本に入っていたのです。明治５年（1872）に横浜の米国籍ノルウェー人のコープランドを招聘《しょうへい》してビールを造り、国産ビールのパイオニアといわれている甲府の野口正章《まさあきら》もこの醸造機器や酵母を使っていたのでした。

閉ざされていた時代から、開かれていく時代へ。国の仕組みそのものが変わって高揚感が高まり、「一山《ひとやま》当てよう」と各地に自生する山葡萄などでワイン造りが始められたのはこの時のことでした。甲府の山田宥

教、松本の百瀬二郎、松前藩、弘前の藤田久次郎《きゅうじろう》（6代目半左衛門）などが、それぞれその地域にある山葡萄などでワイン造りにチャレンジをした記録が残っています。

このようななか、明治政府も明治3年（1870）には国によって東京青山に葡萄などの試験園を開設しています。これを北海道開拓使東京官園（通称、青山官園）といいます。そして、官営醸造所の第一号として札幌に葡萄酒醸造所が開設されたのが、明治9年（1876）9月のことです。横浜開港からこのころまでの約20年間が、民間が始めたワイン造りの時期、日本ワインの萌芽期と考えます。

官主導期（明治3年～明治19年）

国は民間の動きを黙って見ていただけではありません。明治政府が誕生して最初に取り組んだのが殖産興業であり、明治3年（1870）から19年までの17年間は、官が中心となってワイン造りを進めてきた官主導期といえます。この期間には、国がワインの情報を西洋から収集して、官営の葡萄園やワインの醸造所を日本各地に創設しています。これは、岩倉具視使節団が、明治4年（1871）11月から明治6年（1873）の9月までの約1年9か月にわたって欧米諸国を視察したうえで考えた、日本を豊かにする処方箋でした。

官営のワイン醸造は、明治9年（1876）に札幌における開拓使の札幌葡萄酒醸造所から歴史がスタートしますが、原料である西洋葡萄の導入については、既に明治3年（1870）からその取り組みが行われていました。国の開拓使、内務省勧業寮は、東京に東京官園や内藤新宿試験場、三田育種場を相次いで整備します。そして、明治5年（1872）にはワインの原料となる西洋葡萄を輸入し栽培を始めたのです。

開拓使とは、北方開拓のために明治2年（1869）から明治15年（1882）まで設置された国の機関で、当初は北海道開拓使といわれていました。外国から動植物を導入して日本の風土への適応を試験し、良好なものを北海道に普及するために設立された機関で、省庁と同格の組織です。こ

札幌葡萄酒醸造所（国立公文書館所蔵）。明治9年9月、官営醸造所では最も早くワインを造った

の開拓使には、北海道開発総合コンサルタントとして、アメリカの農務長官を務めたホーレス・ケプロンとその技師団が雇われていて、そこには果樹栽培とワイン醸造の専門家として、札幌官園には草木培養教師のルイス・ポーマル、さらに東京官園には園芸技師のシェルトンがいたのです。

また、国では葡萄栽培等の人材育成機関として札幌や東京駒場に農学校を開校するとともに、ワイン醸造技術確立のため、札幌に葡萄酒醸造所、兵庫に播州葡萄園を設立します。内務省では明治14年（1881）に山梨県の勧業試験場から桂二郎を引き抜き、全国の葡萄栽培とワイン醸造の指導に当たらせます。さらには欧米の化学者の招聘などにより、明治10年（1877）代前半までには、一定のワイン造りの技術と化学が明らかになっていきました。

山梨では、明治のワイン造りについては山梨が独自に進めてきたという感覚がありますが、実はこの葡萄栽培やワイン造りの動きはひとり山梨だけの動きではなく、国において明治の初めから積極的に取り組んできたことなのです。国によるこのような殖産興業の流れの一つとして、山梨県においては山田宥教、詫間憲久のワイン造りが県立の葡萄酒醸造所に吸収され、祝村に大日本山梨葡萄酒会社が創設されます。

また、栃木県においても、県令を中心に同様の試みが行われた記録が残っています。

ただ、大久保利通が明治11年（1878）に暗殺されてから、次第にこの官による勧業政策推進の流れは変わっていきます。そして、明治14年（1881）の政変で松方正義が大蔵大臣となってからは緊縮財政政策を推し進め、官営の施設は次々に民間に払い下げられていったのです。

なお、この時期の醸造技術ですが、次のような記録が散見されています。浜田徳太郎編『大日本麦酒株式会社30年史』には、明治10年（1877）２月６日、札幌の開拓使が山梨県令の藤村紫朗宛に「イエスト（酵母）」５斗（90ℓ）を譲ってほしい旨の電報を打った記録があります。これは、札幌の麦酒醸造所で使用する酵母をドイツから輸入したが発酵しないので、甲府のビール会社を経営する野口正章の持っている良質な酵母を譲ってほしいとのことでした。ドイツ酵母は１ポンド６円で購入したとの記録も残り、国産ビールが各地で誕生し始めた明治６年（1873）からは海外からの物資や情報によって発酵や酵母は一般的になりつつあったといえます。そして、イギリスやドイツからのお雇い外国人らにより醸造化学の導入が進み、その情報が西川麻五郎などによって全国に広がっていったのでした。

民間主導期（明治20年～ 45年）

明治20年（1887）からの25年間は、ワイン醸造の一定の技術や化学が確立されていき、民間でのワイン造りが積極的に進められた時期といえます。明治19年（1886）までに、国営の葡萄酒醸造所などのほとんどが民間に払い下げられるなかで、地域の経済人や篤農家によりワイン醸造所が多数建設されました。

山梨においても、明治18年（1885）に県立葡萄酒醸造所が廃止され、明治19年（1886）には祝村《いわいむら》の大日本山梨葡萄酒会社が解散し、ここからいくつかの醸造所が派生していきます。土屋合名会社（現、まるき葡萄酒）、宮崎醸造所（現、シャトー・メルシャン勝沼ワイナリー）、さら

甲州市勝沼町で操業していた宮崎醸造所（「甲斐産葡萄酒沿革」所収）

宮崎醸造所へのワイン用原料葡萄の搬入、計量。大正末期頃（甲州市教育委員会）

には、この会社の出資者の一人である高野積成《さねしげ》は、県内の経済人から出資を募り、明治30年（1897）、当時国内最大の甲州葡萄酒株式会社（現、サドヤ醸造場）を甲府に創設しています。

その他、明治23年（1890）には、小規模ではありますが、現在の丸藤葡萄酒工業など勝沼で４軒のワイナリーが次々に創業し、この流れは、山梨県内はもとより日本各地に広がって、新潟では川上善兵衛が20haを超える葡萄園を開拓しています。そして、大正４年（1915）には全国でワイナリー427場、醸造量約2560石（460キロℓ）にまで拡大します。この醸造量は、現在の日本ワイン醸造量である約１万6600キロℓ（2016

年）の約３％に相当する規模でした。

この時期のワイン市場において最も重要なのが甘味葡萄酒の存在でした。明治初めから模造洋酒が洋酒市場を拡大するなかで、明治13年（1880）に東京浅草で神谷バーを経営していた神谷傳兵衛が、輸入したワインに甘味料と薬用成分を混ぜて日本人の味覚に合う甘味葡萄酒を開発しました。この甘味葡萄酒を、日本橋で酒屋を営んでいた近藤利兵衛が香竄《こうざん》葡萄酒として販売を拡充したこと、さらには寿屋（現、サントリー）が赤玉ポートワイン（現、赤玉スイートワイン）を発売したことが、明治のワインを昭和の時代につなげてくれることになるのです。

ちなみに香竄とは、神谷博兵衛の父親が持っていた俳句の雅号で「隠しても隠し切れない、豊かなかぐわしい香り」という意味があると伝えられています。

明治は、今日のように食卓にワインがなかった時代です。しかし、そこにも西洋に憧れ、国家の繁栄を願い、あるいは何とかビジネスにしようと、ワイン造りに人生をかけた人たちがいました。

山田宥教、詫間憲久、藤村紫朗、前田正名、栗原信近、雨宮廣光、城山静一、津田仙、大藤《おおとう》松五郎、桂二郎、雨宮彦兵衛、高野積成、髙野正誠《まさなり》、土屋龍憲《りゅうけん》（助次郎）、宮崎光太郎、神谷傳兵衛、近藤利兵衛、川上善兵衛、田中芳男、福羽逸人《はやと》、ロバート・ウィリアム・アトキンソン、高松豊吉、矢部規矩治《きくじ》、西川麻五郎……。

第２章、第３章で、明治の日本ワインの歴史のなかで私が取り上げるべきと考える16名についてその活動内容と人物像を紹介します。葡萄栽培家、ワイン醸造家のみならず、これらの活動を支える人々もいます。彼らの取り組みを振り返ると、その先進性やバイタリティ、チャレンジ精神に驚かずにはいられません。それはワイン造りに対するあくなき夢と情熱といってもいいかと思います。

第1章

ワイン造りの夜明けをたどって

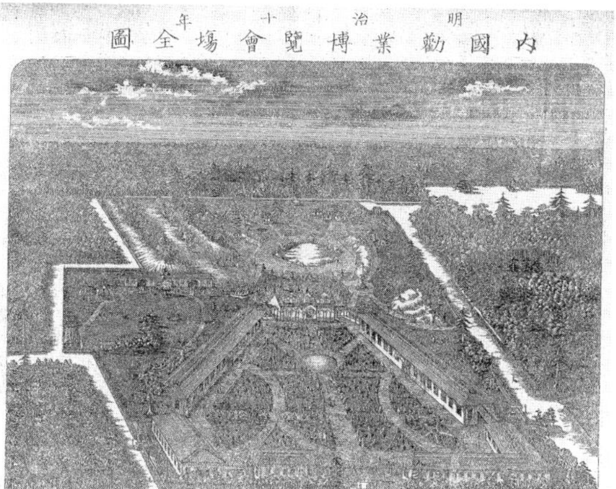

上野公園で行われた第一回内国勧業博覧会全図。
国立国会図書館所蔵。明治９年に醸造された詫間憲久と
大藤松五郎のワイン、ブランデーなどが出品された

日本のワイン造りの夜明けは、視点を変えるとワイン消費者を創り出すワイン市場の夜明けでもありました。これまでの日本にはなかったワイン市場を、ワイン関係者たちがどのように創り上げていったのか、あるいは創り上げられなかったのか、開拓者や市場の動きなどについて考察します。

殖産興業の流れのなかで

江戸時代にも葡萄果汁を煮詰めたシロップと焼酎などを混ぜて造ったワイン、いわゆるヴァン・ド・リキュール（発酵していない葡萄果汁にアルコールを添加したワイン）は存在していました。しかし、葡萄の糖分をアルコール発酵させた本格的なワイン造りは、江戸時代の幕末、横浜開港時に甲府の山田宥教《ゆうきょう》が挑戦したワイン造りに始まります。

量産化、商品化への取り組み

山田は幕末においてワインの試醸を進め、明治３年（1870）ごろには何とかワインとしての形が見え始めたので、同じ甲府で造り酒屋を営んでいた詫間憲久と共同で量産化、商品化をもくろみました。この結果、明治７年（1874）の秋には甲州葡萄を使った白ワイン4.8石（864 ℓ）、山葡萄を使った赤ワイン10石（1800 ℓ）が生産され、翌年１月に実際に赤白ワイン約4000本が売り出されます。そして、このワインを「甲府新聞」の記者が購入して試飲するとともに、詫間から醸造方法を聞き出して新聞紙面上に明らかにしています。

この生産量は、国の統計である明治７年の府県物産表に記録されるとともに、詫間は東京日本橋の松田敦朝にサンプルワインを送り、海軍省・陸軍省に採用してもらおうとしたことも「甲府新聞」に記録されているのです。その売り出しの事実を裏付けるように、明治８年（1875）９月22日の「読売新聞」には「寄書《よせぶみ》（投書）」のコーナーで、「（外国の酒ではなく）酒も日本酒、甲州製の葡萄酒か麦酒を飲み富国強兵を達成しよう」という意見が掲載されています。

つまり、明治７年（1874）に山田と詫間が造った「甲州製の葡萄酒」は、明治８年（1875）には東京の市場に出回っていたのです。なお、甲州製の麦酒とは、明治７年に売り出された甲府の野口正章が造ったビールのことでしょう。さらに、明治９年（1876）の「東京日日新聞」には「近頃ビールや葡萄酒が各地で造られている」という記事も見受けられます。

そのような時代、明治６年（1873）１月に山梨県権令（県令見習い。県令は今の知事）として藤村紫朗は赴任します。そして、まずはシルクを山梨県の稼ぎ頭にした後、このワイン造りも山梨の産業として自立させようと考え、「勧業授産の方法」を同年３月に大蔵省に具申します。そこでは「葡萄をそのまま売るのではなく加工し（ワインにして）外国人に売るとその利益は数倍となる。この製法も興隆することを目途とする」としています。

これは国の殖産興業の方針に沿って大蔵省の勧業資本金を引き出すための計画書でした。藤村はこの資金によって、同年８月、甲府に県立勧業製糸場の建設に着手し翌年10月に完成させています。製糸場の開所に当たり大規模な記念式典を開催して、シルクが山梨経済発展の核になると藤村は自信満々に演説をしています。この時演台に立つ藤村の心のなかには、「次はワイン」だという思いがふつふつと湧いていたことは想像に難くありません。

ワイン産業興隆のために

藤村はこのワイン産業興隆の計画を実行に移すため、シルク同様に県立の農業試験場と葡萄酒醸造所を設立しようと考えました。しかし、国においては明治７年（1874）１月の内務省設立に伴い勧業・勧農政策が大蔵省から内務省に移行したのですが、この政策を進める勧業資本金が大隈重信大蔵大臣により大蔵省出納寮に止め置かれ事実上の廃止となってしまいました。内務省勧業寮は、毎月執行する予算も大蔵省に協議してからの執行を義務付けられ、新たな勧業事業が全くできない状況に陥ったといいます。

内務大臣の大久保利通はというと、明治７年（1874）は佐賀の乱への対応や台湾出兵の後始末のためにほとんどの時間を割かれていたため、大蔵省への直接的な巻き返しはできませんでした。この年の11月末に上海から帰国した大久保は、翌年、このような大蔵省や太政大臣に対し「本省事業の目的を定むるの議」を提出して農商工の勧業振興の重要性を訴えます。

特に重要視する項目の最初に「樹芸」をあげて、果樹栽培を重視する方針を明確に打ち出しました。また、「海外直売の事業を開くの議」も提出し、パリ万博や内国勧業博覧会への道筋をつけます。結果的に内務省が自由に使える勧業資本金制度は復活しませんでしたが、明治８年（1875）の勧業寮の予算は前年比35％増となり、内藤新宿試験場への外国苗導入や外国の技術の導入が積極的に図られることになりました。

この時の内務省の公文書を見ると、外国種苗の府県への試験配布、アメリカやヨーロッパへの農業調査、外国人の農学教師のリクルート、さらに外国に私費で在留している日本人をそのまま勧業寮で雇うなどの事業が積極的に行われたことが確認できます。

明治９年（1876）に内藤新宿試験場に雇われた大藤《おおとう》松五郎は、このような状況下でアメリカから日本に呼び戻されたのだと考えられます。前田正名も明治８年（1875）６月に外務二等書記生として採用され、翌年10月16日には勧業寮の準判任御用掛に兼務発令がされています。

さて、話を明治８年（1875）の山梨に戻します。ようやく国の資金の目途が立ったため、藤村紫朗はワイン造りに取り組み始めます。農業試験場となる勧業試験場の整備を始めるとともに、同年６月から３年間ドイツのガイゼンハイム葡萄栽培葡萄酒醸造学校に留学する桂二郎に約2000円の資金を貸し付けて、帰国後は必ず甲府の農業試験場で働くように手を打ったのです。

つまり、藤村は明治９年（1876）に勧業試験場を整備したうえで葡萄栽培を進め、桂二郎が帰国する明治11年（1878）を目途に県立の葡萄酒醸造所を設置しようとしていたのだと考えられます。勧業試験場は明治９年６月に甲府城の跡地に完成して、葡萄や桃など果物の栽培や牛の飼育なども行っていました。

第一回内国勧業博覧会に出品

しかし、世界のヒト・モノ・カネが激流のように日本に流れ込んできたこの時代は、それを許してはくれませんでした。明治９年（1876）２月、内務大臣の大久保利通は太政官（明治前期の最高官庁）に内国勧業博覧会開催の建議を申し立てて、翌年２月から６月まで東京で行うことを提案しました。

この建議を藤村紫朗はどのような思いで聞いたのでしょうか。きっと「特産のシルクに加え、葡萄、さらには新たな産業興隆のシンボルとしてワインを出品したい」と考えたに違いありません。ただ、県立の葡萄酒醸造所を設置するには時間がありませんでした。そこで、山田と詫間が生産していたワインを利用することにしたのです。このため、藤村は側近の栗原信近に命じて津田仙を招聘したのでした。

山田と詫間のワイン造りに大藤が参加

津田は、明治６年（1873）のウィーン万博に参加してオランダ人の農学者に師事し、帰国後は東京で学農社を創設して農学教育を行い、葡萄などの苗木会社を経営していました。栗原の依頼を受けた津田は、山田と詫間のワイン造りの調査のために明治９年（1876）６月末に甲府を訪れます。この時一緒に連れてきたのが、内務省勧業寮の内藤新宿試験場に勤務していた大藤松五郎でした。

これまで、大藤についてはアメリカで８年間葡萄とワインの生産に携わってきたこと以外にその経歴についてはわかっていませんでしたが、令和元年（2019）、偶然に日本で最初のアメリカへの移民団のなかに大

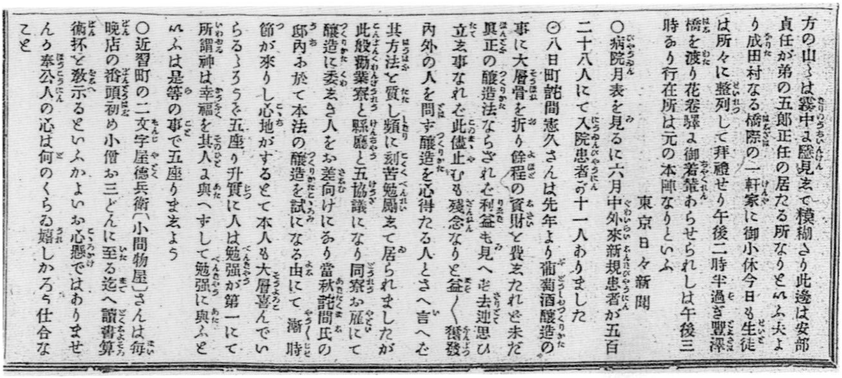

方の山々は霧中《むりのうち》に隠見《いんけん》して模糊たり此邊は安部
貞任が弟の五郎正任の居たる所なりといふ夫よ
り成田《なりた》村なる橋際《はしぎは》の一軒家《けんや》に御小休今日も生徒《せいと》
は所々に整列《せいれつ》して拜禮せり午後二時半過《す》ぎ豐澤《とよさは》
橋《はし》を渡《わた》り花巻驛に御着輦《ちやくれん》あらせられしは午後三
時あり行在所は元の本陣なりといふ
東京日々新聞
○病院《びやういん》月表を見《み》るに六月中外來《ぐわいらい》新規患者《しんきくわんじや》が五百
二十八人にて入院患者《にふゐんくわんじや》の十一人ありました
⊙八日町詑間憲久さんは先年より葡萄酒醸造《ぶだうしゆつくりかた》の
事に大層骨《そうほね》を折り餘程《よほど》の資財《しざい》を費されたれど未だ
眞正《ほんたう》の醸造法《つくりかた》ならざれど利益《りえき》も見《み》へざ去迚思ひ
立《たて》し事なれど此儘止《このまゝや》むも殘念《ざんねん》なりと益々奮發
内外の人を問《とは》ず醸造《つくりかた》を心得たる人とさへ言《い》へど
其方法《はうはふ》を質《たゞ》し頻《しきり》に刻苦勉勵《こくくべんれい》して居《ゐ》られましたが
此般勸業寮《こんぱんくわんげうれう》と縣廳《けんちやう》と五協議《けふぎ》になり同寮《どうれう》お雇《やとひ》にて
醸造《つくりかた》に委《くは》しき人をお差向《さしむ》けになり當秋詑間《あきたくま》氏の
邸内《うち》お於て本法の醸造を試になる由《よし》にて漸々《やう/\》時
節《つ》が來りし心地《こゝち》がすると本人も大層喜《そうよろこ》んでい
らるゝそうで五座り升質《じつ》に人は勉強《べんきやう》が第一にて
所謂《いわゆる》神は幸福《かうふく》を其人《そのひと》に與《あた》へずして勉強《べんきやう》に與《あた》ふと
いふは是等の事《こと》で五座りましよう
○近習町の二文字屋徳兵衛（小間物屋）さんは毎《まい》
晩店の番頭初め小僧お三どんに至《いた》る迄《まで》へ讀書算
術抔と教示《をしへ》るといふかよいお心懸《こゝろがけ》ではありませ
んう奉公人《ほうこうにん》の心は何《ど》のくらゐ嬉《うれ》しかろう仕合な
こと

中央部が詑間のワイン造りを紹介した記事。明治９年７月16日の「甲府日日新聞」（山梨県立図書館所蔵）

藤がいたことを発見しました。この移民団は、会津藩が浪人となった藩士を送り込むためのもので、現地では若松コロニーと名付けられていました。明治２年（1869）に渡米してスイス人ワインメーカーとともに数年間若松コロニーに滞在した大藤ですが、最終的には８年間カリフォルニアで葡萄栽培、ワイン醸造に携わった、と後に述べています。このような経歴でワイン造りを実践してきた大藤が、同じ千葉出身の津田仙に命じられて山田と詑間のワイン造りに参加したのです。

藤村は明治９年９月27日の各区長宛の布達で、内国勧業博覧会に出品する場合はその開発のための資金の貸し付け、あるいは製品の買い上げをする旨の指令を出しています。つまり、山田と詑間のワイン造りに大藤を参加させたことは、明治10年（1877）に東京上野で開催予定の内国勧業博覧会に山梨県からワインを出品するためだったのです。

実際にはこの博覧会は同年８月に開催がずれ込みますが、予定通り詑間のワインと県立葡萄酒醸造所のブランデーが出品されました。この時の出品資料には、公的部門ではなく民間部門へ出品した詑間のワインについて、その醸造家として県立葡萄酒醸造所に採用された大藤松五郎の名前が記載されています。また、博覧会報告書には「これからもっと葡萄酒を製出すれば輸入品を圧倒する」と書かれていて、大いに期待され

甲府城天守台から見た山梨県立葡萄酒醸造所（山梨県立図書館所蔵）

ているのです。

藤村紫朗の思惑通り、博覧会直前の７月に県立葡萄酒醸造所はオープンし、山田と詫間のワイン造りが吸収されていったのでした。

内国勧業博覧会は、岩倉具視使節団が視察したウィーン万国博覧会をイメージして、殖産興業を進めるために開催された博覧会でした。この使節団には大久保も参加していますが、ウィーン万博では見るもの全てが新しいもので驚愕したと想像できます。また、明治９年（1876）にはアメリカのフィラデルフィア万博にも日本が出展を予定していました。

明治に時代が変わって以来、国内の博覧会は甲府や松本でも開催されていますが、これは各地の伝統的工芸品などを集めたものでした。大久保は、このようなお国自慢ではなく新たな時代を切り開く産業を育てようと、フィラデルフィア万博の次のパリ万博に出品できるような先端的な製品を求め、内国勧業博覧会を計画したのでした。

なお、フィラデルフィア万博のおりに、日本の事務局職員がアメリカ各地の農園を回り葡萄栽培の現状を調査したことが、日本の新聞で８回にわたって連載されて詳しく報じられています。当時の万国博覧会は、日本の近代化に向けた情報収集の場だったのです。

この内国勧業博覧会に山梨県から出品されたワインは、大久保利通や内務省勧業寮の前田正名の目に留まったに違いありません。おりしも前田は、フランスから100種類もの葡萄苗を持ち帰り、主にワイン用の葡萄品種であるヨーロッパ品種を育てようと東京の三田に育種場を整備しているところでした。

ビタアスワインなど３種類を出品

内国勧業博覧会には、詫間と大藤が造った葡萄酒、ビタアスワイン（苦味葡萄酒）、スイートワイン（甘味葡萄酒）の３種類のワインとブランデーが出品され、この醸造方法が博覧会の出品資料として残されています。

これを見ると、葡萄酒（白ワイン）やスイートワインの製造方法についての醸造原理は今のワイン造りと大差ないところですが、苦味葡萄酒の製造方法についてはちょっと違います。これは、葡萄液にブランデーを混ぜたうえで菖蒲根、橙皮、シナモンなど様々な薬草を混ぜているもので薬用ワインでした。

当時は、ヨーロッパでコレラやチフスなどの伝染病が流行していたため、薬用ワインも多く造られていました。なかには、精力剤としてコカインを使ったコカワインもあったくらいです。この薬用ワインは大藤松五郎がアメリカから持ち帰ったワイン醸造法によって造られたと考えられ、この延長線上には薬用ワインに甘味料を加えて甘くした香竄《こうざん》葡萄酒や赤玉ポートワインがあり、生《き》葡萄酒が売れないなかで明治のワイン産業を何とか支えたのでした。

なお、生葡萄酒とは、甘味葡萄酒に対して用いられる用語で、甘味料やアルコールが添加されていない葡萄酒のことをいいます。

大藤の最も大きな功績は、この薬用ワインに加え二酸化硫黄を使用し

第一回内国勧業博覧会の開場式（国立国会図書館所蔵）

た甘口ワインの醸造方法をアメリカから伝えたことです。貴腐ワインを除き甘口のワインはヨーロッパにはほとんどなかったのですが、日本同様、ワイン黎明期のアメリカにおいては甘口ワインが市場の多くを占めていたからこそ持ち帰ることのできた技術でした。甘口ワインの大きな課題は、ワインに糖分が残っているためにビン詰後ワインの再発酵や微生物汚染が進むことにありました。このため、大藤は、発酵樽のなかで硫黄を燃やして生じた二酸化硫黄をワインに溶け込ませながら醸造を行ったのです。

赤ワイン醸造方法の習得に向けて

内国勧業博覧会に出品したワインのラインナップは、大藤にしてみれば、赤ワイン用の葡萄がないため赤ワインが造れなかったという単純な選択だったと考えられますが、前田正名は赤ワインの出品がないことで「赤ワインの醸造方法を習得しなければだめだ」と思ったのでしょう。彼の書いた「三田育種場着手方法」では、育種場を設置する目的の一つに「ぼーるどわいん」（ボルドーワイン、英語の愛称でクラレット）と記載されているのです。

ワインといえば赤ワイン

明治７年（1874）から政府は諸外国の高官を宮中に招いて晩餐会を行っていますが、その料理はフランス料理でフランスの高級赤ワインも提供されていました。また、その後明治16年（1883）からは鹿鳴館でフランスワインを提供しているように、政府からすればワインといえば赤ワインのことだったのです。

前田は、「葡萄苗はフランスから持ち帰った。あとは赤ワインの製法だ」と考え、このため大久保と相談のうえ、急遽藤村県令にフランスに実習生を送り出すことを指示したのだと考えられます。

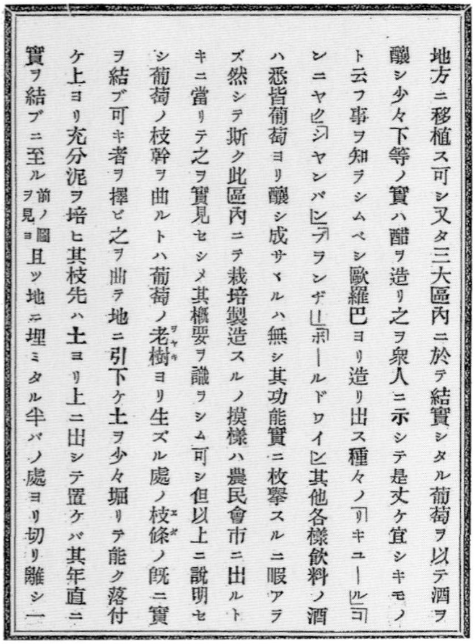
地方ニ移植ス可シ又タ三大區内ニ於テ結實シタル葡萄ヲ以テ酒ヲ釀シ少々下等ノ實ハ醋ヲ造リ之ヲ衆人ニ示シテ是丈ケ宜シキモノト云フ事ヲ知ラシムベシ歐羅巴ヨリ造リ出ス種々ノ「リキユール」「コンニヤク」「シヤンパン」「ブランデ」「ボールドワイン」其他各樣飲料ノ酒ハ悉皆葡萄ヨリ釀シ成サヾルハ無シ其功能實ニ枚擧スルニ暇アラズ然シテ斯ク此區内ニテ栽培製造スルノ摸樣ハ農民會市ニ出ルトキニ當リテ之ヲ實見セシメ其概要ヲ識ラシム可シ但以上ニ説明セシ葡萄ノ枝幹ヲ曲ルトハ葡萄ノ老樹ヨリ生ズル處ノ枝條《エダ》ノ既ニ實ヲ結ブ可キ者ヲ擇ビ之ヲ曲テ地ニ引下ケ土ヲ少々堀リテ能ク落付ケ上ヨリ充分泥ヲ培ヒ其枝先ハ土ヨリ上ニ出シテ置ケバ其年直ニ實ヲ結ブニ至ル前ノ圖ヲ見ヨ且ツ地ニ埋ミタル半バノ處ヨリ切リ離シ一

前田は「三田育種場着手方法」（国立国会図書館所蔵）で、赤ワインの製法を習得するべきであることを強調

内国勧業博覧会へ出品された詫間憲久のワインは、金賞である「龍紋」に次ぐ「鳳紋」という銀賞を受賞しました。賞は上位から龍紋、鳳紋、花紋、褒状の４段階で、山梨からの出品は生糸や水晶などがありましたが、この詫間のワインと同様に「鳳紋」の受賞が最高でした。このワインに対する公式コメントは、「各種の熟醸醇は厚くて風味は芳美なり。その製法は既に飲料に供するに足りている。真に日本の葡萄酒醸造の鼻祖（元祖）と称すべし」と非常にたたえられています。ちなみに、福井県からも葡萄酒が、青森県からも山葡萄のワインを蒸溜させたブランデーが出品され銅賞の「花紋」を獲得しています。

ただ興味深いのは、詫間の葡萄酒について審査委員向けの内部報告書では、三つのワインの評価は、審査員には経験がなくて審査委員会としてはつけることができないとして、その味を知るもの数人に試してもらい評価したとしていることです。

そのコメントとしては、「ビットルスは苦味にして芳香あり。ブランデーは純然たる焼酎にして麹臭を帯びている。レモン（白葡萄酒）は甘くなく酸味を帯びている。スウイートは甘くして糖のごとし。この酒類は今一層醸造法を討究しないと需要はおぼつかない」との記載がされています。多分このコメントは、フランス帰りの前田正名のものだと推測されます。白葡萄酒をレモンと評している一方で、期待していた赤ワインの出品がなかったためもっと醸造方法を研究しないといけない、赤ワインを造らないと需要が獲得できないという評価につながったと考えられます。

二人の青年のフランス研修

藤村はフランス研修のため新たに人選をする必要がありました。それに、その研修資金も調達しなければなりません。藤村は、明治10年（1877）３月に勧業振興のため内務省から呼び寄せた城山静一に託して、研修生の人選と資金の調達を図ることにしました。藤村にしてみれば、「大藤もいる。桂二郎も帰ってくる」ということで、この研修は一人で短期間でというつもりでいたのだと思いますが、前田の経験から「言葉がわからない異国で一人では難しい」ということで二人になったのだと考えられています。

この時選定された二人の青年が、第３章でも詳述する山梨県祝村《いわいむら》の高野正誠《まさなり》と土屋龍憲《りゅうけん》です。城山は、二人の研修費3000円を目途に資金調達に奔走し、約2000円を県内各地の経済人や豪農から集め、不足する1000円は県が貸し付けることとしました。その後、明治14年（1881）１月に大日本山梨葡萄酒会社が資本金１万4000円で設立され、その設立資金のなかから研修に対して出資した人に研修の出資金を返金したのです。

明治10年（1877）10月10日、パリの万国博覧会の準備でフランスに赴任する前田正名に連れられて横浜港を出発した正誠と龍憲ですが、この研修にあたって県庁の城山静一から二人の青年に託された課題はただ一つ。「カラリット」を造れるような技術を身につけて帰ってくることでした。「カラリット」とは「クラレット」のことで、ボルドーの赤ワインのこと。つまり、8月から9月にかけて上野で行われた内国勧業博覧会に山梨県が出品できなかった本格的な赤ワインを醸造することが研修の目的だったのです。

しかし、二人の青年にしても指示を出した城山にしても「カラリット」の明確な意味はわかっていませんでした。前田はこのことを理解していたはずでしたが、二人には「研修場所でのワイン造りに励めばいい」との指示だけでしたので二人は悩みます。そして、フランスに旅立ってから約1年後の明治11年（1878）8月に「カラリット」とはボルドー地域の赤ワインのことだとようやくわかったのでした。

二人の青年のフランス研修期間は往復の期間を入れて1年の予定でしたが、それでは実際のワイン醸造を体験することができない日程でした。そのため前田に祝村の会社と研修先のワイナリーの間に入ってもらい、10月に行われるワイン醸造の実習を終えてから帰国することとしたのです。

結局、帰国したのは明治12年（1879）の5月で出発から1年半が過ぎていましたが、当時は往復の船旅に3か月、実質1年間の研修で最後まで言葉の壁が厚かったことが二人の記録帳に書かれています。

当時、同じヨーロッパには桂二郎がドイツのワイン学校に留学していましたが、こちらは3年の本格的な留学で栽培・醸造の技術だけでなく化学的な知識まで習得するものでした。また、二郎は日本でも軍隊の学校に入っていてドイツ語も学んでいたのです。二人の青年と二郎とは明治11年（1878）に二郎が日本に帰る時、あるいはパリ万博の時などに出会っている様子で、二人の記録には二郎のことを農学者として記載され敬意を払っている様子がうかがえます。

ワイン用葡萄の大規模栽培への挑戦

祝村の二人は明治12年（1879）５月８日に帰国していますが、桂二郎は約３年の研修の後、一足早く前年の７月に帰国しています。二郎を師と仰ぐ高野積成《さねしげ》の日記によると、二郎は帰国後すぐに山梨県に赴任して葡萄の栽培試験などを行う県立勧業試験場に着任、大藤松五郎とともに山梨のみならず全国から研修生を受け入れ、ワイン造りと葡萄栽培の実践と指導を行っています。

西洋葡萄栽培と勧業政策の転換

そのころ祝村では、二人の青年の帰国を待ちながら、明治11年（1878）春に祝村戸長（後の村長）の雨宮彦兵衛や篤農家の高野積成が、東京の三田育種場や麻布本町の津田仙からイザベラやアジロンダックなど赤ワイン用の葡萄苗を購入し栽培を始めています。この品種はアメリカ系品種やハイブリッド品種の葡萄でヨーロッパ品種ではありませんでした。二人の青年はカラリット用のヨーロッパ系品種の葡萄苗を持ち帰るつもりで、研修後に葡萄苗商と話をした様子ですが、ヨーロッパでは体長１㎜に満たない害虫フィロキセラ（ブドウネアブラムシ）の蔓延で結局持ち帰ることはできませんでした。

明治14年（1881）内務省に引き抜かれた桂二郎は、当初、全国の葡萄栽培の指導と兵庫県にある播州葡萄園のヨーロッパ系品種の葡萄栽培、ワイン醸造に従事しました。しかし、国では内務省と開拓使の両省庁が行っていたワイン造りを、明治14年に新設した農商務省で統一的に担当することとなったため、明治16年（1883）に二郎は札幌へと赴任することになりました。

この間、二郎は、播州はもとより愛知県の知多半島や青森県弘前などのワイン醸造用葡萄畑の開拓に携わっていましたが、明治18年（1885）に三田育種場からフィロキセラが発見され、ここから苗が供給された全国の葡萄畑は壊滅的な被害を受け消滅していったのでした。

これらの動きの背景には、実はこの間の明治政府における勧業政策に大きな転換があったことを指摘しておかなければなりません。明治７年(1874) １月、大蔵省が所管していた勧業政策を大久保利通が内務省へと移行し、勧業寮を第一等寮に格上げしました。大久保の考え方の背景には、「欧米農法を取り入れた勧農政策」の推進があり、地方の農業の大規模化や農産工業を中心とした富国を図ろうとしていたのです。

しかし、明治11年（1878)、大久保が暗殺され次の内務大臣になった松方正義は、当初は同郷の薩摩藩出身の前田正名を重用していましたが、次第に大蔵省が主張する正貨蓄積による銀本位制度の確立に向けた増税とデフレの容認、そして重要物産に対象を限定した勧業政策に理解を示し始めました。大蔵大臣の大隈重信が明治政府から追放された「明治14年の政変」の後に松方が大蔵大臣に就任しますが、この時に勧業政策の転換が決まりました。

これに対抗して、前田は各地を行脚してデフレで苦しむ地方を救うため「興業意見」を取りまとめて、直輸出荷為替政策、興業銀行創設、共同運輸会社創設を中心とした提案をしましたが大蔵省から大きな修正を求められてしまいました。松方率いる大蔵省は、日本の近代化を進めるうえで、銀本位制度による兌換紙幣の発行こそが日本の財政基盤の確立と信頼につながる最も重要な政策であり、それこそが国内産業の発展につながるという考え方でした。このため、大久保を継いだ前田正名のような考え方である「三田育種場、駒場農学校などの設置により地方の産業を興し、博覧会などへの出品によってこれを輸出につなげる」という手法ではなく、「鉄道や電気などの基盤整備と外国商社を活用した輸出制度」による勧業振興策が進められていくのでした。

そして、明治18年（1885）には前田正名が農商務省から失脚しています。この間における勧業政策の基本的な転換によって、ワイン用の大規模葡萄園開拓は途絶え、ワイン産業は国から見放されていったといえるのでした。

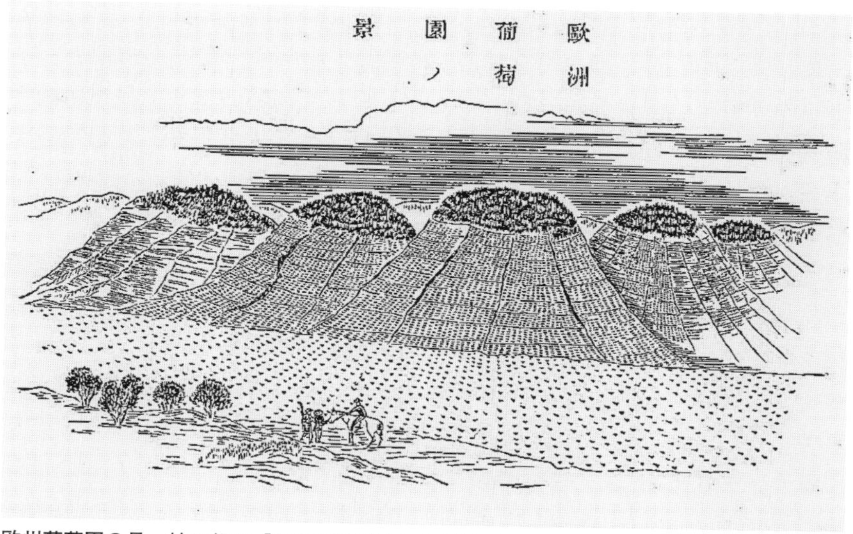

欧州葡萄園の景。桂二郎の『葡萄栽培新書』の挿絵（国立国会図書館所蔵）。山裾まで葡萄畑を開拓することを目指していたことがわかる

ワイン用葡萄畑を開拓、開園

さて、そのような時代背景のなかでもワイン専用葡萄栽培の夢を追い続けた人がいます。祝村の大日本山梨葡萄酒会社で主に西洋品種葡萄の栽培を推進していた高野積成や高野正誠たちです。

明治15年（1882）で同社の本格的なワインの仕込みが途絶えてしまったため、積成は同年に雨宮彦兵衛とともに栃木県令に招かれ今の真岡市にあった野州葡萄酒株式会社の設立発起人となり、翌年には一家で移住し50haの葡萄畑開拓に携わりました。積成は、山梨県立勧業試験場にいた桂二郎を師と仰ぎ、葡萄栽培、特にワイン用葡萄の大規模栽培こそが日本を豊かにすると考えていたのです。

明治19年（1886）４月16日の官報によれば、ワイン醸造を目的とした葡萄栽培は明治13年（1880）以降急激に増加し始めており、特に16年からの３年間は全国でブームだったことが記録されています。明治18年（1885）には全国で葡萄栽培をしている人数は945人で、このうち愛知県

は262人で葡萄樹の本数も33万本に達し全国の半分となっています。

これは、西春日井郡の中之郷におけるカトーバなどの葡萄栽培と、名古屋の「葡萄組商会第四分社」によるものとされています。葡萄組商会第四分社は、東京浅草で模造洋酒を造っていた日比野泰輔の葡萄苗販売事業から始まりましたが、日比野は谷中《やなか》の小沢善平から葡萄苗を購入して販売していたと考えられています。

『葡萄効用論』（伊東昌見、1884）によると、葡萄組商会第四分社は葡萄品種としてアメリカ系品種のヨングアメリカやリデナ、ヨーロッパ品種としてリースリング、ピノ・グリ、ピノ・ノアールなど29品種を扱っていて、これらを名古屋周辺の葡萄畑を開拓しようとする人たちに販売していたのです。

また、知多郡小鈴ヶ谷村では、江戸中期から酒、味噌、醤油の醸造を営んできた第11代盛田久左衛門が、殖産興業の流れに沿って明治13年（1880）に葡萄園を開拓しワインを醸造しようとしていました。まずは同年、葡萄栽培に向け山林20余haが払い下げられて開墾が進められ、翌春には桂二郎の指導を受けて苗が植えられています。明治18年（1885）までには葡萄畑は50haまで広げられ、最終的には520haの葡萄畑を開墾する計画でした。当時の山梨県の甲州葡萄の栽培面積は合計110ha余りでしたから、この計画がものすごいものであることがわかります。

明治20年代になると、高野正誠の富士山麓・山梨県峡中地域の一大葡萄園開設、高野積成の箱根仙石原など大規模葡萄畑の開拓も構想され、土屋龍憲も明治28年（1895）には勝沼で大規模な葡萄畑開拓にチャレンジしています。これらはなかなか実現できませんでしたが、これに呼応するように新潟の川上善兵衛は岩の原葡萄園の開拓を進めました。また、明治30年（1897）には、香竄葡萄酒で成功した神谷傳兵衛が茨城県稲敷郡岡田村の原野23町歩を開墾。明治31年（1898）には、フランスから取り寄せた葡萄苗木6000本を移植し神谷葡萄園を開園しています。

さらに、明治37年（1904）になると、東京の小山新助が山梨の登美村（現、甲斐市）の官有地150haの払い下げを受け、大正２年（1913）にはこの地に大日本葡萄酒株式会社が発足しました。その後農場は荒廃しますが、川上善兵衛の勧めによって昭和11年（1936）には株式会社寿屋の山梨農場（現、サントリー登美の丘ワイナリー）となって再整備が進められてきました。

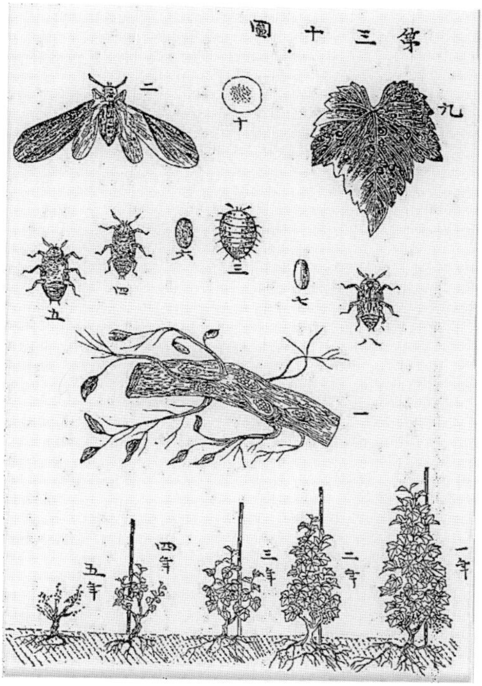

フィロキセラの有翅型成虫（左上）や幼虫、卵、葡萄樹の被害状態など。『葡萄栽培新書』の挿絵（国立国会図書館所蔵）

フィロキセラ被害

桂二郎は、山梨県庁から内務省、そして農商務省に移籍して全国のワイン用葡萄の栽培の指導に当たりますが、行く手を遮ったのはフィロキセラでした。明治15年（1882）に桂二郎が出版した『葡萄栽培新書』にもフィロキセラのことが記載されています。フィロキセラに寄生されると５年くらいでその樹は枯死してしまい、その防御撲滅法としては、葡萄の樹を焼却処分し土を掘り返して５、６年間その地を休ませるくらいしかないと指摘しています。従って、苗木を輸入する時に注意することが何より重要だと述べています。

根が冒され、樹が枯死

フィロキセラとは葡萄の樹に寄生する害虫で、この虫が根につき樹液を吸うとそこにコブができ、やがて葡萄の樹が枯死していきます。フィロキセラはもともとアメリカのロッキー山脈東部の野生葡萄に寄生して生息していましたが、日本の幕末にあたる1860年ころにアメリカ系品種葡萄樹の輸出とともにフランスに渡りました。そして、フィロキセラへの抵抗性のないヨーロッパ系品種葡萄の樹に移って、瞬く間にヨーロッパ全土に大きな被害をもたらしたのです。

日本で初めてフィロキセラが紹介されたのは、明治６年（1873）のウィーン万博の報告書（明治８年（1875）８月刊）ですが、防除法が見つかっていないので「２万フランの賞金で予防法を見つけている」との記述のみでした。

今では、この害虫の被害に対抗するには、フィロキセラに抵抗性のあるアメリカ系品種の葡萄の樹を台木として使うことが唯一の根本的対策であることが知られています。台木にアメリカ系品種、その上の穂木にヨーロッパ系品種を接ぎ木するという対策であり、世界各国では長い年月をかけて葡萄の樹の改植が進められてきたのです。

日本では、明治18年（1885）５月14日、東京の三田育種場において初めてフィロキセラが発見されました。この樹は３年前の明治15年(1882)にアメリカから輸入した葡萄の樹で、二郎の警告が間に合わなかったのです。この時、官報でフィロキセラ被害が報告されていますが、「その惨状あたかも虎列刺（コレラ）病の如し」「適当な駆除及び予防法は得ていない」と訴えています。この年の播州葡萄園の景況報告に、その切実で悲痛な記録が残っています。

「東京三田育種場で葡萄の害虫フィロキセラが発見された。本園の樹を調査したところ第１区第２区にその兆候は見られなかったが、第３区の39号41号において害虫を発見した。そこに植えられている4000余りの葡萄の樹をその支柱を合わせて全て焼却し、さらにその地に硫化石灰及び多量の石炭油をまいて駆除した。この被害樹は、明治17年（1884）の春季に東京三田育種場より移植したものである。ゆえに害虫は三田育種場から移伝したことは明白である」

この時、三田育種場では30万本の苗木を焼却処分しましたが、その後、名古屋の葡萄組商会第四会社でもフィロキセラが発見されました。この会社は明治17年（1884）に三田育種場から仕入れた苗５万6000本を、名古屋を含む２府10県に頒布しており、被害が全国に拡大していったのです。明治18年（1885）６月には、皮肉にも桂二郎の指導によりヨーロッパ系品種の葡萄畑50haの面積を誇った、愛知県知多の盛田葡萄園でもフィロキセラが発見され葡萄畑が全滅していきました。

この葡萄園は最終的には官有林520haの使用許可を取っていたといい、途方もなく大きな面積の葡萄畑ができるのを目前に、フィロキセラによって被害を受け、ヨーロッパ系品種の葡萄によるワイン造りが挫折していくことになるのでした。

強耐種の栽植と抵抗性台木の配布

明治29年（1896）に、欧州研修から戻った福羽逸人《はやと》が『果樹栽培全書』全４巻（博文館）を出版していますが、この第４巻で15ページにわたりフィロキセラを取り上げ、初めて予防法としてアメリカ品種の葡萄の台木にヨーロッパ系品種の穂木を接ぎ木する方法を紹介しています。そして明治32年（1899）になると、新潟の川上善兵衛が『実験葡萄栽培書』（博文館）で、フィロキセラの各種防除法を紹介しています。

1　硫化炭素液を土中に注射し、害虫を繁殖させない事

2　砂地に葡萄を栽植して、害虫を繁殖させない事

3　葡萄園に浸水して、害虫を溺殺する事

4　強耐種を栽植して、害虫の浸食を免れる事

それぞれの方法を細かく紹介していますが、１～３の方法は一般的には困難だとして、４の強耐種の葡萄を栽培し、これを台木としてヴィニフェラ属のヨーロッパ系品種葡萄を接ぎ木することを薦めています。台木には、単にアメリカ種葡萄ではなく、フィロキセラ耐性の高い種類のリパリア属（河川などの湿地帯に自生)、リユペストリス属（岩の多い乾燥地に自生）などが適しているとして、20点満点でフィロキセラ耐性

を示しています。

さて、明治18年（1885）の三田育種場におけるフィロキセラの発見から、山梨においては20年以上被害が確認されませんでした。しかし、発生から25年目となる明治43年（1910）６月末、西山梨郡甲運村横根の丸山葡萄園のデラウエアの葉に、初めてフィロキセラの被害が確認されたのです。これをきっかけに調査を進め、甲府市を始め東八代郡、東山梨郡などで、被害面積は計44haに達していたことが明らかになります。実は、山梨においても、フィロキセラ被害は広く深く進行していたのでした。もちろん、ヨーロッパ系品種である甲州葡萄にもフィロキセラへの抵抗性はなく、被害が及んでいました。

山梨県では、このようなフィロキセラ被害に対応するため、発生確認から３年後の大正２年（1913）９月、農商務省を介して抵抗性台木を輸入することとし、翌年３月、７種類2000本の台木が到着して県下各地に配付されました。そして、大正５年（1916）には県農事試験場の附属施設として80aの「葡萄害虫フィロキセラ試験地」を、西山梨郡里垣村西山（現、甲府市里垣）に設置してフィロキセラの生育や防除法などの研究に着手します。その後、研究員の横井時綱、元岡清、神沢恒夫らの努力によって、優良台木が選抜されていきます。

しかし、大正12年（1923）には、山梨県における被害面積は発生当初の10倍に当たる450haに拡大していきます。防除には台木の活用しか方法がありませんでしたが、既に成木となった葡萄の植え替えは困難を極めました。結局、第２次世界大戦後までフィロキセラ被害は衰えることはありませんでした。

だが、順次抵抗性がある接ぎ木苗への改植が進められていき、昭和30年（1955）度の県の病害虫発生予察事業年報には山梨県内における被害の記録はなくなっています。ただ、山梨県の果樹試験場には、現在でも葉部におけるフィロキセラの寄生と被害について、毎年のように相談があるといいます。

桂二郎の夢は、フィロキセラによって途絶えたのでした。

国産ワインは甘味葡萄酒の原材料に

フランスのように「葡萄とワインで国力を拡大するんだ」という大きな夢に対し、情熱をもってチャレンジしてきた明治の開拓者ですが、当時のワイン市場を見ると生葡萄酒はその地位を確立することができたわけではありませんでした。

明治が終わり大正４年（1915）、山梨県登美村の大日本葡萄酒株式会社がドイツ人技師ハインリッヒ・ハムを招聘しヨーロッパ品種の葡萄への植え替えを始めました。本来でしたらこれで品質の高いワインが生産され今日につながるというストーリーが望まれたのですが、そうはいきませんでした。この農場の廃業の後に、寿屋が入ってきたのが当時のワイン市場の様子を的確に表しています。

好評の蜂印香竄葡萄酒、赤玉ポートワイン

寿屋の前身である鳥井商店は、明治39年（1906）、スペイン産のワインに香料や甘味料とアルコールを添加した甘味《かんみ》葡萄酒である向獅子印甘味葡萄酒を発売。翌年これを改良し赤玉ポートワイン（現在の赤玉スイートワイン）を販売したところ大ヒットしました。

そのため、このスペインから輸入している原料ワインを何とか国産ワインに切り替えようと、鳥居商店の創業者である鳥井信治郎は川上善兵衛に相談し、登美の丘を再整備したといわれています。これは、純粋に輸入を減らして国力を拡大しようという考え方に加え、次第に日本が軍事国家となっていくなかで外国のバルクワインの調達が困難になることが想定されたためでした。

『大日本洋酒缶詰沿革史』によると、甘味葡萄酒を含めた模造洋酒の生産は明治４年（1871）に始まり、明治29年（1896）に混成酒税法が制定されるまでの間に急激な成長を遂げたと記録されています。混成酒税法の制定、さらに34年（1901）から酒精及び酒精含有飲料税法が施行され、アル

蜂印香竄葡萄酒の美人画ポスター（オエノングループ）

土屋醸造場ではトレードマークの㋖印を入れて甘味葡萄酒、甘味生葡萄酒を発売（まるき葡萄酒）

コール度数に応じた課税方法が採用されるようになると、輸入アルコールだけを使った模造洋酒は急激に淘汰されていったといいます。

模造洋酒は、当初はアルコールが薬剤として輸入され酒税を払わなくてもいいことに目をつけたものでした。初期の模造葡萄酒は、アルコールに酒石酸、タンニン酸、砂糖及びボルドーエキスと称する香味料などを加え、色素で着色したものが一般的な造り方で、なかには酒石酸の代わりに硫酸を使う例もあり、いかに粗悪な品質であったか容易に想像できます。

そのようななか明治13年（1880）に神谷傳兵衛が開発した香竄《こうざん》葡萄酒はベースに輸入ワインを使っており甘味葡萄酒として唯一成功したといわれています。この蜂印香竄葡萄酒は明治18年（1885）に商標登録されますが、販売を担当した近藤利兵衛の絶妙な新聞宣伝などによって売り上げを拡大していきました。

明治におけるワインと甘味葡萄酒の関係については、早稲田大学の福田育弘教授の論文「葡萄酒と薬用葡萄酒の両義的な関係－明治期におけ

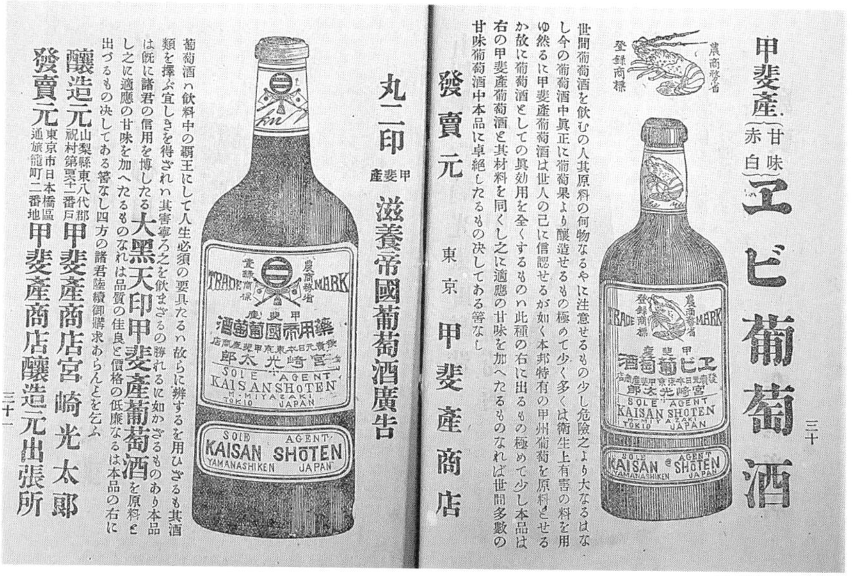

甲斐産商店の甘味葡萄酒（「甲斐産葡萄酒沿革」所収）

るワインの受容と変容－」が詳細に分析しています。

明治18年（1885）８月４日の「読売新聞」の記事に香竄葡萄酒の製法が次のように紹介されています。「今度本町二丁目の近藤氏方にて発売の滋養香竄葡萄酒というは、浅草花川戸町神谷氏の製造による鉄と機那《きな》とを配合した物なり」。機那とは南米が原産の樹木で、乾燥した樹皮はマラリアの特効薬キニーネの原料や胃腸薬として用いられています。つまり、香竄葡萄酒とは単に輸入したワインに甘味料を加えただけでなく、鉄と機那とを配合した薬用ワインに仕立てられた葡萄酒でした。

薬として薬局での販売が主流

テーブルワインはヨーロッパでは食中酒として消費されワインは食卓に需要がありましたが、この甘味葡萄酒の出現を通し日本ではワインは食卓から離れて薬用という需要に収まっていったのです。そして、蜂印香竄葡萄酒の本格的販売から赤玉スイートワインまでの間、多くの甘味

コカインを使った古加葡萄酒。「コカワイン植物図説雑纂」（国立国会図書館所蔵）

美味、滋養を謳った赤玉ポートワイン（ウィキメディア・コモンズ）

葡萄酒が登場して市場を拡大していきました。

伊部商店の地球印薬用葡萄酒、大倉商店の花蝶印薬用香竄葡萄酒、宮崎光太郎の甲斐産葡萄酒、さらには海外から輸入した仏国薬用葡萄酒サンラヘール、仏国キーンキイナアワーン、米国醸造機那葡萄酒、仏国古《こ》加《か》葡萄酒などなど。

これらは、輸入ワインや国産ワインに薬用成分や甘味料を加えたものでしたが、薬用の成分としては機那の他ペプシネ（ペプシン）もあって、それぞれの商店から多様な機那葡萄酒やペプシネ葡萄酒が販売されていました。この甘味葡萄酒の販売店ですが、当時は洋酒店が少なかったため、薬として薬局での販売が主流となっていました。そもそも明治20年（1887）くらいまでは、砂糖そのものが薬として薬局で売られていたので、甘味葡萄酒は同じように薬として売られていたのです。

赤玉ポートワインが発売されてから甘味葡萄酒はさらに市場を拡大し、大正７年（1918）にはこの赤玉ポートワインを中心に甘味葡萄酒のワイン市場におけるシェアは実に８割近くもあり、その後昭和50年（1975）くらいまでの半世紀にわたりこの傾向は続きました。

この甘味葡萄酒の広告では、「甘いので女性や子供も飲める」とか「朝晩一杯ずつ」「葡萄酒の酸が虎列剌（コレラ）病に利く」というようなコピーも見受けられ、アルコールではない飲み物として宣伝しています。酒の自家醸造が禁止されたのが明治32年（1899)、未成年に飲酒を禁止したのが大正11年（1922）という時代でのことでした。

甘味葡萄酒の功罪とワイン産業

甘味葡萄酒が人気になればなるほど、その影響で国産の生葡萄酒は一層売れなくなっていきました。そして、明治20年（1887）から明治30年（1897）にかけて、葡萄園を苦労して開拓して造った生葡萄酒は、甘味葡萄酒に使用する原材料として組み込まれていくのでした。

ここで、参考までに国産ワイン造りの始まりと歩みを系統立ててつかむ手がかりとして次のページ以降に明治期ワイン造りの**年表**と国産ワイン造りの系譜を示した**図**を掲載しておくことにします。

メルシャン勝沼ワイナリーの工場長だった浅井昭吾氏（ペンネーム麻井宇介）は『日本のワイン・誕生と揺籃時代』（日本経済評論社、1992）のなかで、「明治前期に導入を試みて失敗したワインの企業化は、葡萄酒を「甘い酒」と性格づけたことによって、本格から模造への変容と同時に、殖産興業政策と運命をともに終息した農村工業から、からくも生き残ることができたのである」と述べています。

また一方で、浅井氏は、今から約半世紀前の昭和50年（1975）に、雑誌「食品工業」の連載記事の最初に次のように述べ、甘味葡萄酒の功罪について指摘しています。

「長い間、ワインをつくり続けてきた日本の葡萄酒醸造家たちが、それをワインと称して説明なしで販売できるようになったのは、昭和46年(1971)ころからである。それまでは、葡萄酒という言葉のな

年表　明治期ワイン造りの人と動き

横浜開港（1858）	・甲府・大翁院の法印**山田宥教**が明治以前から山葡萄でワインを試醸
慶応３年（1867）	・**津田仙**がアメリカへ出張し農業視察。葡萄苗 5000 本を購入契約
明治２年（1869）	・**大藤松五郎**が米国移民団参加。ワイン造りに８年間従事し９年帰国
明治３年（1870）	・**山田**は**詫間憲久**と共同で、甲州葡萄を使ったワインの試醸を開始
明治５年（1872）	・開拓使が東京青山に葡萄などの試験園、東京官園を設置
明治６年（1873）	・**藤村紫朗**が山梨県に赴任。ワイン等勧業授産の方法を大蔵省に提出
	・ウィーン万博参加。**津田**は帰国後『農業三事』を出版
	・**田中芳男**はドイツ農事図解「葡萄酒管理法」を明治８年に出版
明治７年（1874）	・**山田**と**詫間**は赤白ワイン 4000 本を製造し、８年に東京方面で販売
	・内務省内藤新宿試験場から全国 22 府県に葡萄苗等の供給開始
	・イギリスから化学者**アトキンソン**来日。日本酒発酵管理の指導
明治８年（1875）	・**桂二郎**が山梨県資金でドイツワイン留学。３年間勉強し 11 年帰国
	・**津田**が学農社農学校を開設。翌年から農業雑誌を毎月２回発行
明治９年（1876）	・**津田**の紹介で、**大藤**は**詫間**の蔵で内国博覧会用ワイン１万本を醸造
明治 10 年（1877）	・７月山梨県立葡萄酒醸造所開設。秋には**大藤**がワイン３万本を醸造
	・８月第一回内国勧業博覧会。大藤が醸した詫間のワイン等を出品
	・９月**前田正名**がフランスから持ち帰った葡萄苗で三田育種場を開設
	・10 月**髙野正誠**と**土屋龍憲**が**前田**に連れられフランス研修に出発
明治 11 年（1878）	・**高野積成**が**津田**からアジロンダックなどの苗を購入し、祝村で栽培
明治 12 年（1879）	・**桂**が山梨県立勧業試験場に着任。14 年には内務省が引き抜く
	・**正誠**と**龍憲**が帰国し、祝村の葡萄酒会社が 7500 本のワインを醸造
明治 13 年（1880）	・内務省が播州葡萄園開設。**福羽逸人**が欧州品種を栽培しワイン醸造
	・**積成**が興業社設立。全国 400 名の会員で西洋葡萄づくりを推進
明治 15 年（1882）	・**桂**が『葡萄栽培新書』出版。盛田葡萄園、藤田葡萄園等を指導
	・栃木県に野州葡萄酒会社設立。16 年に**積成**、**龍憲**が参加
明治 18 年（1885）	・三田育種場でフィロキセラ発生。以降、全国に拡大
明治 19 年（1886）	・**龍憲**と**宮崎光太郎**が共同でワイン醸造。21 年東京に甲斐産商店
	・**神谷傳兵衛**と**近藤利兵衛**が蜂印香竄葡萄酒を発売。大ヒットとなる
明治 21 年（1888）	・**西川麻五郎**が『醸造篇』を出版。醸造化学の書として全国で販売
明治 22 年（1889）	・**福羽**が４年間の欧州研修から帰国。29 年に『果樹栽培全書』出版
明治 23 年（1890）	・**正誠**が『葡萄三説』を発行し、1616ha の一大葡萄園構想を推進
	・**積成**が山中湖村で葡萄の試験栽培。26 年箱根仙石原開発に着手
	・**川上善兵衛**が自宅の庭に葡萄園を整備。岩の原葡萄園スタート
	・**龍憲**と**宮崎**の共同事業中止。24 年**宮崎**が大黒天印甲斐産葡萄酒発売
明治 26 年（1893）	・宮崎醸造所開設、37 年宮崎第二醸造場（メルシャンワイン資料館）
明治 28 年（1895）	・**龍憲**が甲府に土屋第二商店設立。30 年代からマルキ葡萄酒を販売
明治 30 年（1897）	・**積成**が甲州葡萄酒株式会社を設立。サドヤ醸造場へとつながる
明治 32 年（1899）	・**積成**が葡萄酒愛飲運動を推進。葡萄酒飲用期成同盟会を設立
	・**鳥井信治郎**が大阪に鳥井商店開業。40 年赤玉ポートワイン発売
明治 37 年（1904）	・**小山新介**が登美の丘 150ha 開拓、サントリー登美の丘ワイナリーへ
明治 38 年（1905）	・川上の岩の原葡萄園 20ha、地下ワインセラー 170 坪が完成
明治 41 年（1908）	・20 年間の葡萄栽培とワイン醸造を基に、**川上**が『葡萄提要』出版

図　国産ワイン造りの始まりと系譜

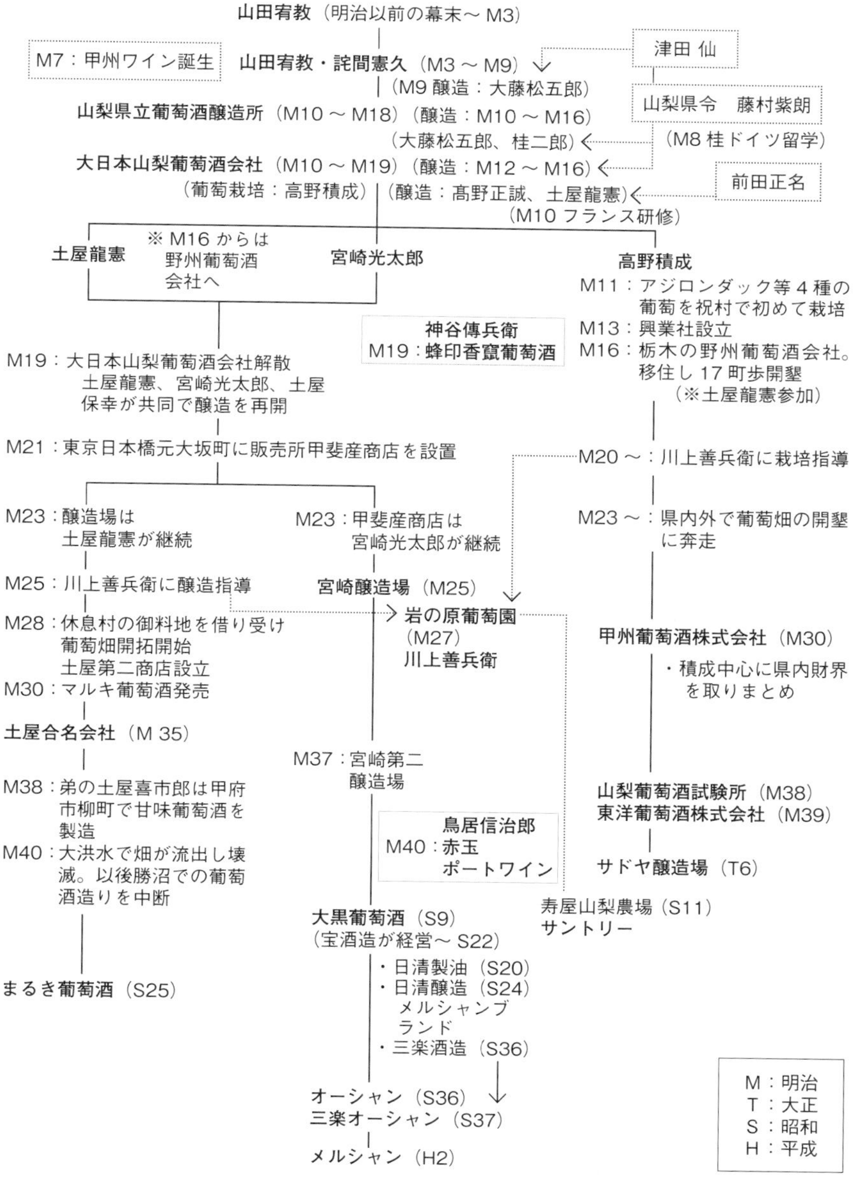
山田宥教（明治以前の幕末～ M3）
M7：甲州ワイン誕生
山田宥教・詫間憲久（M3 ～ M9）
（M9 醸造：大藤松五郎）
津田 仙
山梨県令　藤村紫朗
（M8 桂ドイツ留学）
山梨県立葡萄酒醸造所（M10 ～ M18）（醸造：M10 ～ M16）
（大藤松五郎、桂二郎）
大日本山梨葡萄酒会社（M10 ～ M19）（醸造：M12 ～ M16）
前田正名
（葡萄栽培：高野積成）
（醸造：高野正誠、土屋龍憲）
（M10 フランス研修）
土屋龍憲
※ M16 からは 野州葡萄酒 会社へ
宮崎光太郎
高野積成
M11：アジロンダック等４種の葡萄を祝村で初めて栽培
M13：興業社設立
M16：栃木の野州葡萄酒会社。移住し 17 町歩開墾
（※土屋龍憲参加）
神谷傳兵衛
M19：蜂印香竄葡萄酒
M19：大日本山梨葡萄酒会社解散
土屋龍憲、宮崎光太郎、土屋保幸が共同で醸造を再開
M21：東京日本橋元大坂町に販売所甲斐産商店を設置
M20 ～：川上善兵衛に栽培指導
M23：醸造場は土屋龍憲が継続
M23：甲斐産商店は宮崎光太郎が継続
M23 ～：県内外で葡萄畑の開墾に奔走
M25：川上善兵衛に醸造指導
宮崎醸造場（M25）
岩の原葡萄園
（M27）
川上善兵衛
M28：休息村の御料地を借り受け葡萄畑開拓開始
土屋第二商店設立
M30：マルキ葡萄酒発売
甲州葡萄酒株式会社（M30）
・積成中心に県内財界を取りまとめ
土屋合名会社（M 35）
M37：宮崎第二醸造場
M38：弟の土屋喜市郎は甲府市柳町で甘味葡萄酒を製造
山梨葡萄酒試験所（M38）
東洋葡萄酒株式会社（M39）
鳥居信治郎
M40：赤玉
ポートワイン
サドヤ醸造場（T6）
M40：大洪水で畑が流出し壊滅。以後勝沼での葡萄酒造りを中断
大黒葡萄酒（S9）
（宝酒造が経営～ S22）
寿屋山梨農場（S11）
サントリー
・日清製油（S20）
・日清醸造（S24）
メルシャンブランド
・三楽酒造（S36）
まるき葡萄酒（S25）
オーシャン（S36）
三楽オーシャン（S37）
メルシャン（H2）
M：明治
T：大正
S：昭和
H：平成

かに動かし難くイメージづけられていた“甘いもの”と、テーブルワインのへだたりを、いかに納得してもらうのか苦労したものであった。いや、今日でもまだ『期待に反して酸っぱい』というクレームがなくなったわけではないのである。そのたびに甘味葡萄酒という日本独特の商品が残した功罪の深さを思わずにはいられない」

この甘さについて考える時、私たちは江戸から明治へと時代が変わったことと関連づけて考える必要があるかと思います。なぜなら、今となっては甘さのマイナス面が指摘されることが多いわけですが、江戸時代には一般家庭に入らなかった砂糖が明治初期から薬屋で滋養強壮の薬として売られるようになったことは、多くの人々の喜びでありました。コレラによる江戸の死者数は約10万人とも30万人ともいわれています。また、明治の45年間でも計37万人の死者が出ているのです。甘さは美味しいということに加えて滋養強壮、そして健康につながるものとして意識されていたのです。

明治が過ぎて大正に入るとこの砂糖の過剰使用が批判されていきます。大正14年(1925)に出版された木下謙次郎著『美味求真』(啓成社)は当時グルメのバイブルといわれていましたが、そのなかに甘味をつけすぎる日本料理への批判的な記載も見受けられるようになったのでした。

「我が国料理の最大の病所は、補助味の濫用とみだりに人工的小細工を加える弊害が多くあることだ。砂糖みりんのごとき甘味の使用について（中略）日本料理はあまりに濫用し過ぎる傾向がある。はなはだしいのはその甘味において菓子に異ならない料理を見ることが少なくないことだ。(中略）補助味である砂糖類の濫用は日本料理の通弊にして事に当たるもの慎重な注意が必要だ」

明治には、ワインだけでなく料理においても甘さは消費者ニーズだったといえるのです。

第2章

ワイン造り草創に人あり志あり
── その1 萌芽期〜官主導期

桂二郎（山梨県が留学資金を支援）が通った1872年設立の
ドイツ・ガイゼンハイム葡萄栽培・葡萄醸造学校。
現在、ガイゼンハイム大学に統合され、ワイナリーを併設して
ドイツのワイン醸造研究のリーダーとなっている

山田宥教と詫間憲久による
ワイン造り事始め

山田宥教　*1840～1885*
詫間憲久　*1837～1886*

山田宥教

山田宥教は、甲府市広庭町の大翁院第６代目の法印でした。法印とは仏僧の最高位で、初代の宥辨《ゆうべん》から宥教まで「宥」が継がれています。宥教を現代風に「ありのり」とルビを振る書物もありますが、正しくは「ゆうきょう」と読みます。天保11年（1840）12月23日に生まれ、没年については「明治18年（1885）11月25日没、行年四十ノ六（46歳）」と宥教の墓石に刻まれています。この「宥」の文字ですが、「心が広い、ゆるす」などの意味があります。

この字は、真言宗の総本山である高野山金剛峰寺、その最高僧位の法印である歴代の座主の名前に多く使われています。第一代の空海から現代まで414代の座主がいますが、「宥」の文字がつく座主は18人います。特に、大翁院の初代法印である宥辨がいたと考えられる1640年前後には、金剛峰寺の座主は宥前、宥光、宥盛、遍宥と続きました。なお、天和元年（1681）第264代の座主は、なんと「教宥」です。

宥教から５代目に当たる山田修さんは今でも甲府にお住まいですが、父の山田利夫さんは甲府市中央３丁目で山田紙業を経営していたといいます。叔父の恵三さんはこの仕事を引き継いで、今も伊勢町で紙業を営んでいます。修さんが利夫さんから聞いた話によると「宥教は発明が好きでワインやブランデーのほかに、白墨や石けんなども寺で製造していた。寺には梅があり梅御殿と呼んでいた」といいます。このエピソードは『ぶどう酒物語』（山梨日日新聞社編）にも掲載されていますが、残念ながら古い資料は第２次世界大戦の甲府空襲で焼失してしまい、今は何も残っていないとのことです。

大翁院の西側にある教昌寺に「歴代大翁院法印の碑」がありますが、恵三さんによると、これは宥教の墓石近くにあったのを教昌寺創設の時に移したもので、この碑の移転が真言宗教昌寺建立の条件だったそうです。恵三さんは言います。「これまで、山田家では宥教がワインに手を出して大翁院をつぶしたと語り継がれてきて、あまり当時のワイン造りのことを快く思っていませんでした。『日本ワイン誕生考』（山梨日日新聞社）の執筆を通し当時の状況を詳細に研究していただき、日本のワイン造りのなかで重要なポジションを占めていたことを明らかにしてくれました。ようやく宥教も復権できたなと喜んでいるところです」

大翁院をめぐって

宥教が法印を務めたこの寺院は、これまで地元新聞などにより「大応院」といわれ続け、その場所は特定できていませんでした。お寺自体が残っていないのです。そのため江戸時代の甲府絵図などを調べたところ、正しくは「大翁院」という名前のお寺だということがわかりました。「甲斐国社記寺記」を見ると間違いなく「大翁院」と記載されていますが、なぜ「大応院」と伝えられてしまったのでしょうか。

実は江戸時代の甲府の地図には３種類の「だいおういん」があったのです。武田家の家臣の館跡を中心に描かれた地図には「大王院」、柳沢吉保の家臣を中心に描かれた地図には「大応院」、一般的な甲府絵図には「大翁院」とそれぞれ記載されています。地元新聞が「大応院」と伝えてきたのはこの柳沢吉保の地図を見たためだと考えられます。

大翁院の跡地に隣接する西昌院六角堂には北側に墓地がありますが、この墓地の突き当たりに西昌院の墓石と向きを異にする２列の墓石が並んでいます。もともと広庭町が所有し大翁院が管理していた墓地だったのですが、大翁院がなくなったため、平成22年（2010）に行われた国土調査により、職権で西昌院の墓地に組み込まれてしまったのです。

慶安元年（1648）の「臨済宗妙心寺派寺社由緒書」によると、平岡山大翁院は甲府市武田３丁目、旧広庭町にあり、臨済宗円光院の説三和尚が文禄２年（1593）に開山したと記載されています。武田家の旧臣で年貢の管理をした蔵前衆の平岡氏を奉った寺でした。

平岡氏の子孫である平岡次郎右衛門和由は、寛永20年（1643）に亡くなり仏名は大翁玄広居士。ここに大翁院の名前との関係が推測されます。江戸時代の大翁院の本尊は真言宗の仏母である准胝《じゅんでい》観音像で、府内24番目の観音霊場でした。

また、「甲斐国社記寺記」によると、慶安元年（1648）９月には大翁院の面積は860坪でした。そして、慶応４年（1868）６月の記録では、２間半（4.5m）×５間（６m）の寺が１棟、本堂は土蔵造りで２間（3.6m）×４間（7.3m）が１か所、惣門（総門）が１か所となっています。また、享和３年（1803）の「広庭町家間数改帖」によると、広庭町の通りには、北側に大翁院（間口６間）を含め６軒、南側に６軒の計12軒の住まいがありました。なお、「甲府町方家人数取調書」によると、広庭町の明治３年（1870）の戸数は11、うち家持ち９、借家２でした。

平岡和由は1624年から1644年の寛永年間に代官触頭となり、巨摩郡富竹新田、金竹新田、名取新田などの開拓に着手し、その子の勘三郎、良辰も浅尾新田の開発に携わったとされています。推測するに、平岡氏が富竹新田（現、甲斐市竜王）に居を構えた時、山田宥辨が大翁院を円光院から引き継いだのではないかと思われます。

もともと宥辨は真言宗の法印として大翁院に着任したのか、あるいは、寺の檀家は11戸しかなかったので檀家からのお布施だけでは寺の運営ができないため、宥辨が祈禱寺として臨済宗から真言宗に改宗して

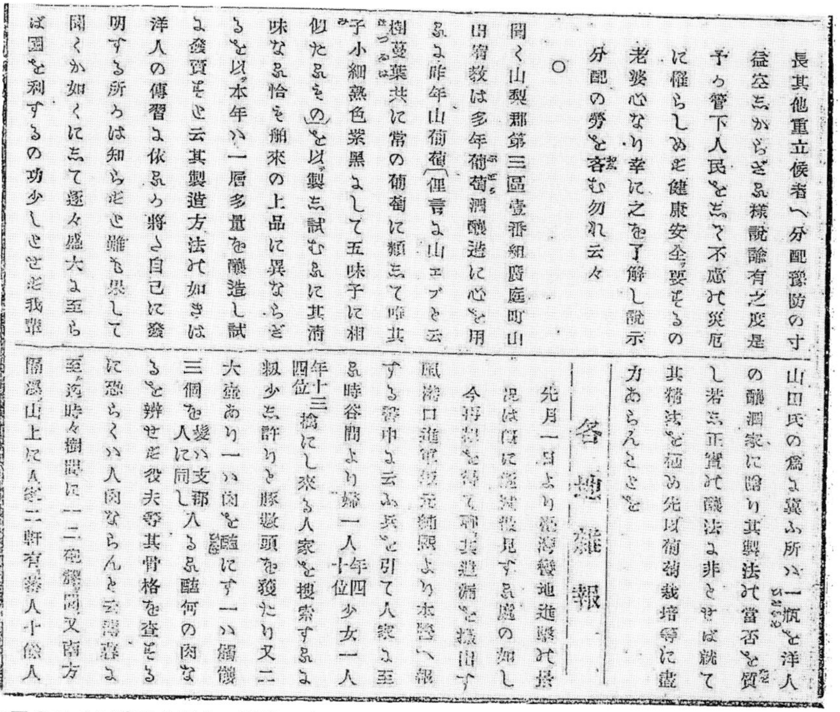

長其他重立候者へ分配豫防の寸益空しからざる様説諭有之度是予め管下人民をして不慮の災厄に罹らしめず健康安全を要するの老婆心なり幸に之を了解し説示分配の勞を吝む勿れ云々

○聞く山梨郡第三區壹番組廣庭町山田宥教は多年葡萄酒醸造に心を用ゐ昨年山葡萄〔俚言に山エブと云ふ〕樹蔓《つる》葉共に常の葡萄に類して唯其子小細熟色紫黒にして五味子に相似たるものを以て製し試むるに其清味なる恰も舶來の上品に異ならざるを以て本年は一層多量を醸造し試に發賣せしと云其製造方法の如きは洋人の傳習に依るか將た自己に發明する所かは知らざれ雖も果して聞くが如くにして逐々盛大に至らば國を利するの功少しとせざれ我輩山田氏の爲に冀ふ所は一瓶を洋人の醸酒家に贈り其製法の當否を質し若し正實の醸法に非ざれば就て其精法を極め尚葡萄栽培等に盡力あらんことを

各地雜報

先月一日より臺灣撃地進發の擧況は既に諸新報に見ゆる處の如し今将報を待て其進滯を摘出す

山田のワイン造りを紹介。明治７年７月12日の「甲府新聞」（山梨県立図書館所蔵）。はじめて葡萄酒のことが記載された新聞記事。記者の何とか成功してもらいたいという思いが、醸造方法の公開につながった

いったのか、どちらかと考えられます。

山田宥教のワイン造り

『大日本洋酒缶詰沿革史』では、「甲府市広庭町の山田宥教は明治以前からワイン造りを行っていた」と記載されています。さらにこれを裏付けるように、明治７年（1874）７月12日の「甲府新聞」には次のような内容が記録されています。

「山梨郡第三区壱番広庭町山田宥教は、多年、葡萄酒醸造に関心を

持っていて、昨年、山葡萄で製造を試みたが、その味が清らかなことあたかも舶来の上品な葡萄酒と異ならないため、本年は一層多量を醸造して試しに発売してみるという。その製造方法は洋人からの伝習によるか、はたまた自己の発明するところかは知らないけれども、言うとおり逐次盛大に生産できれば国を利する功績は少なくない。我輩、山田氏のためにねがうところは、一ビンを西洋人の醸造家に贈り、その製法の当否を質問して、もし正実の醸造方法でないならば教えてもらいその製法を極め、まずもって葡萄栽培等に尽力してほしい」

記事の前半には「多年、葡萄酒醸造」とあり、「多年」とは、2、3年ではなく5年、10年継続していると考えられます。このことから、明治6年（1873）のワイン醸造から振り返り、山田は明治以前にも醸造していた可能性が大きいことは明らかです。ワイン製造方法については、当時横浜に大量に輸入されたフランスなどのワインについて外国人からの聞き取り、7世紀から始められていた中国のワイン造りの文献、さらには幕末の宇田川榕菴《ようあん》や川本幸民《こうみん》などの科学者が翻訳した西洋のワイン造りの文献などを参考にしながら、試行錯誤のなかでできあがってきたものと考えられます。

また、この後の新聞記事では、山田宥教のワイン造りではなく詫間憲久としてのワイン造りが報道されるようになります。これらのことから、宥教は明治以前からワイン造りに取り組んでいて、明治3、4年には広庭町の大翁院において詫間と共同でワイン造りを進め、明治6年（1873）にはそれなりの成果が出たことで、明治7年（1874）からは甲府市八日町の詫間の酒蔵で本格的に販売用のワインを醸造したと考えられます。

詫間憲久

かつての甲府市八日町通りの風情。絵葉書（山梨県立図書館所蔵）

詫間憲久《のりひさ》の出生については詳しいことがわかっていませんが、『日本のワイン・誕生と揺籃時代』浅井昭吾著（日本経済評論社）に、詫間憲久の曽孫からの伝聞がいくつか記録されています。それによると、憲久は屋号で酒・詫間家の11代目といわれ、甲府市八日町64番で酒蔵13棟を連ねたと伝えられています。名前は詫間平兵衛信備、またの名前を憲久と名乗ったとのことです。

明治７年（1874）の「甲府新聞」によると、県が進めていた学校建設で詫間は琢美学校の開校時に30円を寄付しています。この寄付名簿には、詫間憲久を筆頭に魚町の土屋都香、横近習町の大木喬命《きょうめい》、山田町の若尾逸平の４名が名前を連ねており、当時、詫間には甲州財閥の大木や若尾と並ぶ相当の財力があったと考えられます。生家は代々造り酒屋でしたが、憲久の代にワインに手を出して清酒も廃業しなければならなくなったと伝えられており、廃業後も甲府を離れることなく明治19年（1886）８月17日49歳で亡くなっています。

ただ、明治16年（1883）９月20日に永井久勝が発行した『開智新書』（徳盛館）には、詫間憲久の名前が見られます。この本の葡萄酒製法の項目に、葡萄酒にブランデーを加え、菖蒲根など様々な薬草を煎じ入れた薬用葡萄酒を造る方法が掲載されているのですが、そこには「この法は甲斐の人詫間憲久氏の施行する所にして（中略）この製造法便益ある疑なし」と記載されています。詫間は明治16年（1883）にはまだ甲府に住んでいましたので、この記述からこの時点においても詫間憲久のワイン造りが評価されていたことがうかがえます。このワインは、先に述べた大藤松五郎が醸造し第一回内国勧業博覧会に出品したベートルス（苦味葡萄酒）に近い製法です。

シャトー・メルシャンワイン資料館長の上野昇さんによると、詫間憲久が亡くなった明治19年（1886）には、詫間の長男、三男は既に他界しており、次男は東京へ出て芝愛宕町で薬屋を営んでいたとのことです。残された四男の貞雄が12代当主になりましたが、当時13歳であり次男を頼って上京し日本橋元大坂町８番地の製薬舗高木清心丹へ住み込み、その後清心丹の支配人となっています。現在も中央区人形町１丁目４番10号に清心丹薬局は存在します。

当時の薬局は薬用葡萄酒、甘味葡萄酒の販売店でしたので、このことが詫間憲久の次男の職業と関係があるとも考えられます。また、元大坂町５番地には、明治21年（1888）に宮崎光太郎が甲斐産商店を開店していて、この甲斐産商店の３軒隣が清心丹で、同郷のよしみで詫間貞雄と宮崎の交流があったかもしれないと上野さんは言います。

詫間憲久のワイン造り

本格的なワイン醸造と販売

詫間のワイン造りについては、明治８年（1875）１月26日の「甲府新聞」の次のような内容の記事から始まり、何回か登場します。

> 「八日町六十四番地の詫間氏の葡萄酒は既に醸造されていて、近頃発売をしている様子だ。そのため、私はこれを買ってその味を試みたが、私の口には西洋製のワインと変わらないどころか、市内の洋物店で売っているものに比べればはるかに優れているように思う。どのような方法でこの葡萄酒を造ったのかはまだ詳細に聞いていないが、私は醸造学を勉強していないので、たとえ聞いてもその製造方法が適当なのかどうか判断することができない。もし醸造方法が

適当とすればこのうえないことだが、万一そうでないとしても本来の製法に直すことで日本一の物産として広く世間に用いられ、富士川船に積んで盛んに輸出することを願望する。このため、後日その詳細な製造方法を聞いて本紙に掲載して、詫間氏のために世のなかの識者に見せてますます良いものにする“なかだち”をしたい」

このように詫間憲久は、明治７年（1874）の秋に本格的なワイン醸造を始め、明治８年（1875）１月には醸造が終了して販売を開始していることがこの記事で確認できます。そしてこの記事は、翌月の２月10日の詳細な醸造方法を記載した記事につながっているのです。

また、この間の２月７日の記事によると、「詫間氏が醸造した葡萄酒の代償及び輸送先等を本県勧業課へ回答した文書を手に入れたので全文を掲載する」として「醸造した白赤葡萄酒を、試しにこの１月に東京呉服町三番地の銅板師玄々堂松田敦朝方へ送ったところ、品質がよかったので海陸軍省にて御用を被るためさらに送ってほしいという申し出があったので近日送る。積み荷の代金は別紙の通り取り決め、運賃は全て先払いとした」とあり、一ビン当たりの販売価格などが掲載されています。

そして、同年２月10日の「甲府新聞」では、１月26日の記事を引き継いで、詫間のワインの製造方法について詳細に記録し公開しています。この記事は、明確に葡萄の糖分がアルコール発酵していることがわかる記録であり、日本におけるワイン醸造についての最古の記録です。浅井昭吾氏も「文献資料として、これが日本で最初のワイン醸造記録である」と述べています。

山葡萄で赤ワイン、甲州葡萄で白ワイン

明治７年（1874）秋のワイン醸造について、白ワインは勝沼産甲州葡萄、赤ワインは大エビという山葡萄を使っています。ちなみにエビとはエビ（蘡《えび》）ヅルの略。ブドウ科の雌雄異株の蔓性落葉低木で山葡萄と呼

縣廳指令

書面願之趣奇特之儀ニ付聞届候事

縣下新聞

本紙第百六十號ニ登記したる甲府八日町詫間氏が所製葡萄酒の醸造法を聞き得たり因て左ニ概記し以て江湖識者の一閲ニ供す冀くハ詫間氏の為に其適否を指示あらんことを該氏頃ろ試の為め東京呉服町松田某か方へ差出せしとなり

白葡萄酒醸造法

本國山梨郡勝沼驛並ニ八代郡岩崎村両所の産を上品とす但し客年ハ勝沼產品にて醸造す

葡萄實熟して將に透明ニ至らんとする時を計り雨日を除き晴天に採り 曉ニとる所以は白霜ニ至るハ液減ずるハなり 敗子と未熟とを除き精熟の實を槽ニ入れ葡萄液の十分三を絞り 絞り法は普通清酒を絞る器械を用う 又上下積替十分の五を絞り又前の如く十分二の液を得る其時液を桶ニ移し直ちに乾けるる麥麹を入れて 麥麹ハ液の十分一を入る 桶にて頻ニ攪き沸騰を醸し蓋をなさずして一時間毎ニ前法の如くせ凡一晝夜或は二十時間にして泡立ち沸て昇降せし此時醸造所寒暖計六十五度以下六十度以上を適當とす 七十度以上に至れは沸揚甚き故蓋を去又六十度以下に至れば蓋を以て桶を包む 大抵五六日を經て沸聲稍穩なり此時甘味去て苦味を生し澁味を催するを計りて木綿布を 目こまかきをよしとす 用ひて醸し桶ニ入れ密封して置くこと七日ニして酒中の滓悉く沈底せし此時滓より上の方ニ小なる穴を穿ち 穴ハ兼て設け置く是を呑口と云 桶ニ瀉入し又密封し置くこと十五日にして酒石は桶の肌に凝着して清酒となる是を又他の桶に瀉入し前法の如くせ凡二十日程ニして眞の清酒となり始て飲料に供すべし○以上絞液の日より凡五十日にして全く成る

赤葡萄酒醸造法

山葡萄 俚言に山エビと云蔓葉葡萄の如くにして小なり紫黒色ニ熟して五味子の如し端山水邊荒蕪の地ニ生す 精熟ニ至るを採りて醸造す上品なり 但昨年ハこの山エビハ不熟なるを以て醸造せず

山葡萄 俚言に大エビと云又山葡萄とも云 蔓葉實ともに常の葡萄の如し熟色紫黒なり味甘くして酸味甚し深山ニ繁茂して大幹多し製酒せし上ハ色淡くして香味劣れり是を中品以下とす

此絞液凡白葡萄の如くし醸造桶ニ盛り麥麹を加へ 液の十分一強なり 頻々桶を以て攪き沸騰せしめ蓋をなし二時間毎ニ之をかく二晝夜より三晝夜にして沸騰昌んなり又五日より七日ニ至り沸聲漸く衰へ甘酸の味化して苦味澁味を帶ニ至り木綿布を以て醸し他の桶に瀉入し密封せ十日以上を經て酒中の滓沈底せるを窺ひ他の桶に瀉入し廿日以上を經て酒石悉く桶肌ニ凝着せ此時又他の桶に瀉入し廿日以上を經て全く清酒となり而て飲ニ供すべし○以上絞液より凡六十日ニして全く成る

白葡萄絞液の量　一貫目　絞液一舛

此醸造二割減して清酒八合を得

赤葡萄絞液の量　一貫目　絞液九合五夕

此醸造三割減して清酒六合六勺五才を得る

○

去二日の事とか甲府立近習町なる乾物店中込長吉の家へ年齢三十計ニして藍微塵《あゐみぢん》の半纏《はんてん》を襲たる婦人來りて曰く妾ハ横近習町旅籠屋太木庄藏が使なるが鮭双尾急に入用なり持せ遣せよと云にぞ長吉ハ平生得

アルコール発酵がわかる日本最初のワイン醸造記録。明治８年２月10日の「甲府新聞」（山梨県立図書館所蔵）

ばれ、秋には葡萄と同様の果実が実ります。

既に山田は山葡萄を使った赤ワイン造りに成功していたので、明治3年（1870）から詫間と組んで始めたワイン造りの試醸は、もっぱら甲州葡萄を使った白ワイン造りへのチャレンジであったと考えられます。ここに、甲州葡萄で造った甲州ワインの歴史はスタートしたのです。少し長くなりますが、赤白ワインの醸造方法を原文（明治8年2月10日「甲府新聞」）のまま転記します。

「本紙第百六十号に登記したる、甲府八日町詫間氏が所製葡萄酒の醸造方法を聞き得たり。因《よっ》て左に概記し、以て江湖《こうこ》（世の中）識者の一閲に供す。冀《ねがわ》くば詫間氏の為に其の適否を指示あらんことを。該氏頃ろ試の為め、東京呉服町松田某か方へ差出せしとなり。

白葡萄酒醸造法

（本国山梨郡勝沼駅、並に八代郡岩崎村両所の産を上品とす。但し、客年（昨年）は勝沼産品にて醸造す）

葡萄実熟して将《まさ》に透明に至らんとする時を計り、雨日を除き晴天に採り（暁にとる所以は白昼に至れば液減すれはなり）敗子（腐敗）と未熟とを除き、精熟の実を槽に入れ葡萄液の十分の三を絞り（絞り法は普通清酒を絞る器械を用う）、また上下積替十分の五を絞り、また前の如く十分の二の液を得る。其の時、液を桶に移し直ちに乾ける麦麴を入れて（麦麴は液の十分の一を入れる）楫（櫂）にて頻に攪《か》き（頻繁に攪拌し）沸騰を醸し蓋《ふた》をなす。然して、一時間毎に前法の如くす。凡《おおよそ》一昼夜、或は二十時間にして泡立ち沸て昇降す。此の時、醸造所寒暖計（華氏）六十五度（摂氏18度）以下六十度（摂氏15度）以上を適当とす。（七十度（摂氏21度）以上に至れば沸揚甚《はなはだし》き故、蓋を去、また六十度以下に至、莚《むしろ》を以て桶を包む）大抵、五、六日を経て沸声稍穏《ややおだやか》なり。此の時、甘味去って苦味を生じ渋味を催するを計りて、木綿布を（目こまかきをよしとす）用ひて醸し樋に入れ、密封して置くこと七日にして酒中の滓《おり》

生食・醸造兼用の甲州葡萄。果粒形は楕円、果粒重は一粒当たり３～６g

赤ワイン造りに用いられた山葡萄。エビ（蘡）ヅルの略でエビと呼ばれることが多い

（澱）悉《ことごと》く沈底す。此の時、垐（澱）より上の方に小さなる穴を穿ち（穴は兼て設け置く。是を呑口と云う）桶に瀉入（流入）し、また密封し置くこと十五日にして、酒石は桶の肌に凝着して清酒となる。是をまた他の桶に瀉入し、（前法の如くす）凡二十日程にして真の清酒となり始て飲料に供すべし。以上、絞液の日より凡五十日にして全く成る。

赤葡萄酒醸造法

山葡萄（俚言（俗言）に山エビと云う。蔓葉葡萄の如くにして小なり紫黒色に熟して五味子《ごみし》の如し。端山水辺荒蕪の地に生す）精熟に至るを採りて醸造す上品なり（但し昨年はこの山エビは不熟なるを以て醸造せず）

山葡萄（俚言に大エビと云うまた山葡萄とも云う。蔓葉実ともに常の葡萄の如し。熟色紫黒なり。味甘くして酸味甚し。深山に繁茂して大幹多し。製酒せし上は色淡くして香味劣れり）是を中品以下とす。

此の絞液凡《おおよそ》白葡萄の如くし、醸造桶に盛り麦麴を加へ（液の十分の一強なり）頻々楫を以て攪き沸騰せしめ蓋をなし、二時間毎に之をかく。二昼屋より三昼夜にして沸騰昌んなり。また五日より七日に至り沸声漸く衰へ、甘酸の味化して苦味渋味を帯るに至り、木綿布を以て釃《こ》し他の桶に瀉入し密封す。十日以上を経て酒中の垽（澱）沈底するを窺《うかが》ひ、他の桶に瀉入し二十日以上を経て酒石悉く桶肌に凝着す。此の時また他の桶に瀉入し二十日以上を経て全く清酒となり、而して飲に供すべし。以上、絞液より凡六十日にして全く成る。

白葡萄絞液の量　一貫目（3.75kg）　絞液一升
此の醸造二割減して清酒八合を得
赤葡萄絞液の量　一貫目（3.75kg）　絞液九合五勺
此の醸造三割減して清酒六合六勺五才を得る」

この記事は、同年２月18日に英国人記者ブラックが創刊した「日新真事誌」という日本語の新聞にも転載されて東京でも報道されています。また、同年９月22日の「読売新聞」には、今の投書欄に相当する寄書（よせぶみ）の富国強兵を達成しようという意見のなかで、「酒も日本酒、甲州製の葡萄酒か麦酒を飲み」と掲載されていて、この年には詫間の「甲州製の葡萄酒」は東京で販売されていることがわかります。

さらに、民部省が明治７年（1874）にまとめた「府県物産表」には、山梨県では、白葡萄酒４石８斗（約860ℓ、360円）、赤葡萄酒10石（約1800ℓ、394円75銭）の醸造があったと記録されています。

この年に山田と詫間以外にワインを販売した記録はありませんので、この記録はそのまま両氏の醸造数量といえます。つまり、両氏が醸造し販売したワインの量は、４合ビンに換算すると合計約3700本。白ワインは1200本で勝沼産甲州葡萄、赤ワインは2500本で大エビという山葡萄を使っているのです。

なお、明治６年（1873）の「府県物産表」においては日本酒を含む酒自体の記録がないので、公式記録としてはこの明治７年（1874）が最も古いデータとなります。

山梨県立葡萄酒醸造所への移管

明治10年（1877）３月に発行された「農業雑誌」29号(学農社)には、前年の明治９年（1876）６月に津田仙が甲府に出張した際、山田と詫間を訪れ葡萄酒を飲んだ感想として「葡萄酒の醸造方法は間違いない。もし良い品種の葡萄で醸造したら必ず美酒となるのは疑いない」とのコメントが記載されています。また、山田と詫間は葡萄の搾り粕を蒸溜した焼酎、つまり粕取りブランデーを造っていたことも記述されています。

大藤の参加などの陳情

この津田仙の甲府訪問は、県令の藤村紫朗が側近の栗原信近に命じて実現したものですが、内務省勧業寮から大藤松五郎が同行しています。これは、桂二郎のドイツ留学がまだ終わらないために、二郎に代わる醸造家を津田仙に依頼したのだと考えられます。

採用時に県に提出した大藤の履歴書から、大藤は６月と９月に山梨へ出張していることがわかっています。６月24日からの出張目的は「葡萄酒試醸造器械取り調べの為」としており、この時津田仙に同行し、山田と詫間の葡萄酒造りに不足する醸造器械を調査し購入の手当てをしたのでしょう。整備されたこの機器は、やがて詫間の蔵から県立葡萄酒醸造所に移管される運命にありました。

そして７月末には、山田と詫間の両氏から藤村に対し、この秋の仕込みを大藤に指導してもらいたいことや、大藤に醸造器機を手当てしてもらいたいこと、この秋の仕込みは２万本にしたいこと、さらには西欧の葡萄品種の手配などについて陳情書が提出され、2700円の借財を申し出ています。そして、藤村はこの陳情書を添えて８月末に内務省に支援資金の要求をしています。

大藤は実際に９月20日から「葡萄酒造りの為」山梨県へ出張してお

り、この時山田と詫間による１万本のワイン造りに参加しています。このことは、二人が陳情する前の７月16日の「甲府日日新聞」で次のようにいち早く報道されています。

「八日町の詫間憲久さんは、先年より葡萄酒醸造の事に大層骨を折り余程の資財を費やしたけれど、いまだ真正の醸造法でないので利益も出ていない。かといって思い立って行っていることなので、このまま止めるのも残念と益々奮発して、内外の人を問わず醸造を心得たる人さえいれば、その方法を質問してしきりに勉励していましたが、このたび、勧業寮と県庁とが協議して勧業寮で雇っている醸造に詳しい人を派遣して、この秋、詫間氏の邸内において本来の醸造を試みるということで、ようやく時が来たという心地がすると、本人も大層喜んでいるそうでございます」

津田仙の訪問後、この新聞に書いてある通り県庁は内務省勧業寮と協議して、この秋の醸造においてワイン醸造に詳しい大藤松五郎を詫間の蔵に招くこととしたのです。また、必要な醸造機器は大藤によって取り揃えられました。もっともこの一連の動きは、第一回内国勧業博覧会へのワインの出品を見すえて、詫間のワイン造りを県立葡萄酒醸造所へ吸収することを前提に行われていたと考えられます。

明治９年（1876）10月24日の「甲府日日新聞」では、「八日町の詫間氏の葡萄酒製造については器械も到着して、勧業寮より派遣の伝習人も着県になり、器械の据え付けも整い、三、四日以前より製造を始めたようだ。これはきっと当国一の名産となるに相違なく、多分明年の勧業博覧会には第一番に出品されましょう」と、博覧会のことまで記載されています。

2700円の貸し付け要望が1000円に

このように、詫間は2700円の貸し付けがされることを前提として、ワ

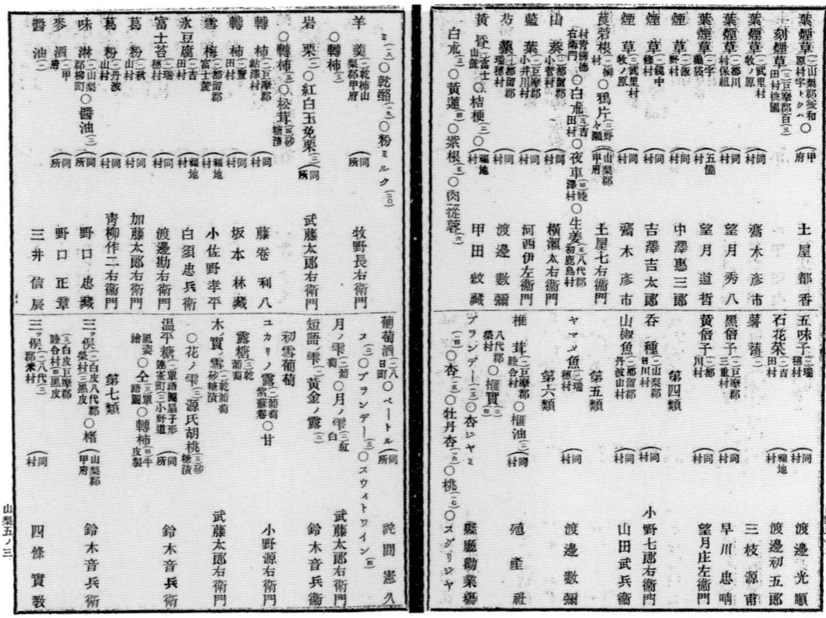

葉煙草（一）山梨郡奈和原村字トクハ○刻煙草（三）巨摩郡百田村桃園 甲府 土屋都香
葉煙草（一）武里村牧ノ原 同村 齋木彦市
葉煙草（一）都川村保組 同村 望月秀八
葉煙草（一）字鶏袋 五箇村 望月道哲
煙草（一）飯野村 同村 中澤惠三郎
煙草（一）鏡中條村 同村 吉澤吉太郎
煙草（三）武里村牧ノ原 同村 齋木彦市
莨菪根（一）櫛形村○鴉片（三）野々瀬 山梨郡甲府 土屋七右衛門
村青柳徳右衛門○白朮（三）吉田村○夜車（四）睦澤村○生姜（五）八代郡初鹿島村
山葵（三）都留郡小菅村 同村 横瀬太右衛門
藍葉（一）巨摩郡小井川村 同村 河西伊左衛門
芍藥（七）都留郡瑞穂村 同村 渡邊數彌
黄苓（一）富士山麓○桔梗（三）○ 福地村 甲田紋藏
白朮（三）○黄蓮（四）○紫根（三）○肉蓯蓉（六）

五味子（三）瑞穂村 同村 渡邊光順
石花菜（一）吉田村 福地村 渡邊初五郎
薯蕷（一） 三枝源甫
黒倍子（一）巨摩郡三重村 同村 早川忠晴
黄倍子（一）都川村 同村 望月庄左衛門
第四類
呑種（一）山梨郡日川村 同村 小野七郎右衛門
山椒魚（一）都留郡丹波山村 同村 山田武兵衛
第五類
ヤマメ魚（一）瑞穂村 同村 渡邊數彌
第六類
椎茸（一）巨摩郡睦合村○椎油（三） 同村 殖産社
八代郡桑村○榧實（三）（四）
ブランデー（一三）○杏ジャミ
（一四）○杏（一五）○牡丹杏（一六）○桃（一七）○スグリジャ 縣廳勸業掛

山梨五ノ二

ミ（一八）○乾酪（一九）○粉ミルク（二〇）
羊羹（一）乾柿山梨郡甲府 同所 牧野長右衛門
○轉柿（三）
岩栗（一）○紅白玉兎栗（三） 同所 武藤太郎右衛門
○轉柿（三）○松茸（四）砂糖漬
轉柿（一）巨摩郡鮎澤村 同村 藤巻利八
轉柿（一）豐田村 同村 坂本林藏
雪梅（一）都留郡富士麓 福地村 小佐野孝平
氷豆腐（一）吉田村 福地村 白須忠兵衛
富士苔（一）瑞穂村 同村 渡邊勘右衛門
葛粉（一）秋山村 同村 加藤太郎右衛門
葛粉（三）丹波山村 同村 青柳作二右衛門
味淋（一）山梨郡柳町○醬油（三） 同所 野口忠藏
麥酒（一）甲府 同所 野口正章
醬油（一） 三井信辰

葡萄酒（一）八日町○ペートル 同所 詫間憲久
ス（三）○ブランデー（三）○スウィトワイン（四）
月ノ雫（一）葡萄○月ノ雫（三）紅白 武藤太郎右衛門
短語ノ雫（二）黄金ノ露（三） 鈴木音兵衛
初雪葡萄
ユカリノ露（一）葡萄紫蘇巻○甘 小野源右衛門
露糖（三）乾葡萄
木ノ實ノ雪（一）乾葡萄砂糖漬 武藤太郎右衛門
○花ノ雫（三）源氏胡桃（三）砂糖漬
温平糖（一）單語圖扇子形 鵜雀町（三）小野道 同所 鈴木音兵衛
風姿○全（三）單語圖○轉柿（四）半皮製
第七類
三ツ俣（一）白皮八代郡桑村（三）黒皮○楮 山梨郡甲府 鈴木音兵衛
（三）白皮巨摩郡睦合村（四）黒皮
三ツ俣（一）八代郡米村（三） 同村 四條實敎

山梨五ノ三

詫間のワインを出品。第一回内国勧業博覧会出品目録（国立国会図書館所蔵）。下欄中央には詫間が出品したワイン、上欄左には野口正章の麦酒のリストがある

イン造りを進めていましたが、実は藤村県令からの申立書に対して内務省は大蔵省と協議し太政官においては、既に10月13日には貸付額は2700円ではなく1000円と決定していたのでした。その後10月30日に、内務大臣大久保利通から藤村紫朗宛に1000円の貸し下げ決定通知がありました。県において相当の抵当品を取って1000円を無利息で貸し付けなさい。そして、明治９年（1876）７月より満１年据え置き、明治10年（1877）７月より13年６月までの３年間で返済をさせなさいとの内容でした。

しかし、どうして2700円の要望額が1000円となってしまったのでしょうか。

どういう経緯だったのか疑問に思い、当時の文献を国立公文書館で調べていくと、松方家文書のなかにこのことと関連すると思われる文書を

発見しました。松方家文書とは、松方正義の書簡や文書を綴った書籍であり、文久年間から大正までの文章のなかに、内務省専用の紙で「葡萄酒一万瓶醸造見積書」がありました。内訳は次の通りです。

- 葡萄の実やビン、コルクなど消費財として1082円50銭
- 大樽、戸（小）樽、コルク打栓器、ブランデー器械などの器機として217円50銭
- 合計1300円
- 販売すると一ビン15銭、１万ビンで1500円
- 消費財に対して417円の純益
- 搾り粕ブランデーの量は確定できない。人件費は除く

つまり、内務省は、１万本の葡萄酒を造るのに葡萄やビンなどの消費財が約1000円かかり、これを販売すると1500円になって醸造器械の経費も賄えると見積もって、貸し下げ金額を1000円としたということがわかります。この文書の作成年は不明ですが、これが内務省の決定1000円の根拠ではないかと思われます。

詫間は、県から2700円の資金が借りられることを想定して、２万本のワインを造る計画で既に９月から大藤と準備を進めていました。これを10月の末になって急に１万本に減らすことになり、たいへん戸惑ったと思います。県令の藤村との間では話がついていたとの思いもあったでしょう。県にしても翌年６月に完成する県立葡萄酒醸造所を、勧業資金から5750円を工面してつくっていたところで、2700円は国から借りたかったはずです。ただ、第一回内国勧業博覧会の出品資料では、詫間が醸造したワインの数量は１万本となっていますので、葡萄などの手配は何とかクリアーできたのだと考えられます。

詫間酒造廃業の時期

「本県葡萄酒は明治七年中、県下甲府の詫間憲久なるもの百方試醸の方法を探求し、ようやくその緒についたといえるが、いかんせん

資本欠乏と醸造方法の精到ならざるとによって、充分の結果を得ることができなかった。同九年に至りついにその業を廃休する不幸に陥った」

これは、明治12年（1879）に発行された「第一回山梨県勧業年報」にある「葡萄酒の現況」の記録の内容です。一方、『大日本洋酒缶詰沿革史』においては「内務省はこの醸造場に対し醸造資金として千円を貸付し保護に努めたるも、経営者は他の事業の失敗より倒産」と記載されていて、倒産は他の事業の失敗によるとしていて、倒産の時期は特に記載されていません。この勧業報告書には、詫間のワイン造りの失敗により民間で後を引き継ぐものがいないので、県が直接醸造所を設置してワインの品質を上げ、民間の起業を誘導したことも書かれています。

しかし、明治７年（1874）の「甲府新聞」の記録から考えると、明治９年（1876）の秋に造ったワインは、10月末から醸造を始めて白は約50日、赤は約60日の醸造日数が必要なため、ビン詰されて市場に出るのは少なくとも翌年の１月以降です。明治７年（1874）のワインは、まさにこの１月に販売されているのです。

また、内国勧業博覧会の解説書にある大藤松五郎の製造方法では、白葡萄酒造りには26週間、約半年かかるので明治10年（1877）の４月がワインの完成時期となります。さらに、スイートワインとブランデー醸造には８か月かかるので、同年６月に完成ということです。詫間の意気込みからして、この完成を前にした廃業は考えられません。詫間は、当時、若尾財閥や大木財閥と肩を並べるくらいの資産家であったこともその理由です。

一方、明治12年（1879）３月には、県立葡萄酒醸造所の再整備について、県が内務省に１万5000円の貸し下げを要望しています。資金の内容は６万本のワイン醸造のための葡萄やビンなどの経費です。明治10年（1877）、11年のワイン販売の状況が良かったので一気に拡大しようとしたのです。その貸し下げ理由として「詫間は失敗したが、明治10年７月に県が引き継いで品質のいいワインを造ることによって民衆のワインに対する意識が高まった。この結果、再び人民の業に附す（民間葡萄酒会社２社ができた）」というストーリーが展開されています。

これらのことから、明治９年（1876）に詫間の酒蔵で大藤が行ったワイン造りは、翌年に計画されていた県立葡萄酒醸造所の設立を前提に行われ、大藤が醸造したワインや調達した機器類は、県立葡萄酒醸造所が引き継ぐことが当初から考えられたうえで整備されたと推測できるのです。こう考えると、８月の勧業博覧会へ詫間の名前で行われた葡萄酒、スイートワインなどの出品や、まだワインを醸造していない県立葡萄酒醸造所のブランデー13品の出品について理解することができます。そうです、詫間のワインで県立葡萄酒醸造所はブランデーを蒸溜し出品したのでした。

追記　日本ワイン誕生の地「大翁院」を特定

山田宥教、詫間憲久が日本で最初にワイン造りにチャレンジした「大応院」は、実際にあったのかどうかも含めてこれまで場所がわかりませんでした。しかし、山梨県教育委員会に在籍していた村石眞澄氏の協力もあり、今回、その場所を具体的に特定することができました。実は、長らく伝えられてきた広庭町（甲府市武田３丁目）の「大応院」は「大翁院」の誤りだったのです。

この事実がわかって、平成28年（2016）９月５日、私は現地へ急行しました。そして、大翁院跡地と想定される場所の隣にある西昌院の墓地を探索していくと、偶然、北の突き当たりで「山田宥教之墓」と遭遇ししたのです。

150年前にまさしくこの地で日本ワインが誕生した。そう思うと思わず手を合わせてしまいました。隣の空き地には古い梅の樹が２本あります。宥教の子孫である山田恵三さんが伝える梅御殿の名残でしょう。梅の樹の寿命は100年から300年といわれていますので、当時からあった梅

大翁院の跡地
(甲府市武田)

西昌院の墓地にある
山田宥教の墓

の樹だと思われます。

その後の調査で「山田宥教之墓」があるのは、東西に2列で10家族程の広庭町の墓地で、広庭町9番地だったことが判明しました。墓地は、江戸時代の広庭町の世帯数12ともほぼ合致します。

「大翁院」の面積は、慶安元年(1648)に860坪、約2840㎡で、昔の土地台帳を調べた結果、広庭町1番地から3番地の約2800㎡が江戸時代の「大翁院」の場所だとの結論に至ります。さらに、宥教自宅の広庭町4番地、そして8番地、7番地の一部も大翁院名義の土地となっていたことも判明したのです。

おそらく、広庭町の道路に面した6間の入り口から参道が続き、しばらく歩くと惣門(総門)があったのでしょう。そして、2番地の辺りに2間半×5間の寺、その隣には土蔵造りで2間×4間の本堂があったと思われます。北側の3番地は、宥教の自宅の4番地に隣接する土地で、自給自足の畑ではなかったかと推測されます。

今では、西昌院の西隣、武田通り沿いに位置する教昌寺に「歴代大翁院法印の碑」が残るばかりです。

津田仙の
学農社と農業技術普及

津田仙　*1837～1908*

津田仙

津田仙

津田仙《せん》は千葉の佐倉藩（現、佐倉市）の出身。父親は佐倉藩主堀田氏の家臣小島良親で、仙は天保8年（1837）にその四男として生まれました。佐倉藩の藩校では、藩主の命令でオランダ語の他に英語も学んでいます。当時の藩主堀田備中守は江戸幕府の老中で、安政2年（1855）にはペリーとの交渉役も務めていて、英語の重要性を知っていたからでしょう。ただ、どちらかというと津田は武術に勤しんだと伝えられています。

安政3年（1856）、津田は江戸に出て、幕府の洋書翻訳を行う蕃書調所の教授で同じ佐倉藩出身の手塚律蔵の私塾に入門し、木戸孝允《こういん》らと蘭学や英語を学んでいます。その後、ペリー来航の時の通訳森山栄之助や、その門下生の福地源一郎の塾に入って英語の習得に努めます。両氏とも、幕末に設置された幕府の外交の専門官である外国奉行の通訳をしていました。

津田はこの塾で、薩摩藩から長澤鼎《かなえ》らを連れてロンドン留学に向かった松木弘安（後の寺島宗則、外務大臣）とも知り合います。そして、文久元年（1861）に外国奉行の通弁役（通訳）として採用され、同年に津田家の初子と結婚して津田姓を名乗ります。当時は次第に蘭語よりも英語が重視され始めていましたが、「洋書を読むにはその大意を了解すれば十分だ」と津田の英語力はかなりざっくりした実務向きであったといわれています。

さて、津田は、この英語を通してキリスト教に興味を持つようになり、明治８年（1875）１月、アメリカのメソジスト監督派教会で青山学院神学部の教授も務めたジュリアス・ソーパー宣教師により妻の初子とともに洗礼を受けています。津田は、中村正直、新島襄とならんで明治におけるキリスト教の三傑ともいわれており、また、津田塾を開いた津田梅子は津田仙の長女です。

キリスト教の教理について津田はあまり専門的な発言をしていないといわれていますが、果樹や野菜の培養法など農業を科学としてとらえ農業・農学教育の実践を通して農民の自立、さらには障害者や女子の教育を促す啓蒙活動とキリスト教をシンクロさせたと考えられています。この関係性については、京都産業大学の並松信久教授の論文「明治期における津田仙の啓蒙活動─欧米農業の普及とキリスト教の役割─」(2013)で詳細に明らかにされています。

軍艦を引き取りにアメリカへ

外国奉行の通訳だった津田は、慶応３年（1867）30歳の時、幕府発注の軍艦引き取り交渉のため勘定吟味役の小野友五郎のアメリカ派遣にともない、尺振八《せきしんぱち》や福沢諭吉とともに通訳として参加しています。

この交渉は、当時の駐日公使のプールインと契約した軍艦の頭金の60万ドルを取り戻し、再度価格に見合った軍艦を発注するというとんでもない交渉事でした。藤井哲博著『咸臨丸航海長小野友五郎の生涯─幕末明治のテクノクラート』（中公新書）によると、通訳は主に尺が担当し、津田は書物の翻訳などを行ったが、福沢の英語は習いたてで「公務の遂行には役に立たない」ものだったため、もっぱらその後設立する慶應義塾用に「あらんかぎりの原書」を購入していたといわれています。

ニューヨーク、フィラデルフィア、ワシントンＤＣと６か月にわたるアメリカ旅行で、津田はアメリカ農業に大きく触発されました。「四民平等尊卑の別なく、ことに農家は富裕であり農業は国家の幸福を来すべき事業であることを知った。そのため我が国農家の地位を高め、農業の発達を企画したい」と考えるようになりました。

維新史学会 編『幕末維新外交史料集成第６巻』(財政経済学舎、1944)によると、このアメリカ派遣の時に、津田の提案によって派遣団はサンフランシスコの種苗商デュノスと日本の植物との交換やアメリカの葡萄苗5000本を購入する契約を結んでいます。そして、実際に翌年の明治元年（1868）には、葡萄栽培の解説書とともに日本に葡萄の苗が送られてきたのでした。

しかし、既に江戸幕府が倒れていたのでアメリカには購入代金は支払われず、『大日本農史』（農商務省、1890）によると、明治４年（1871）になって、新政府がようやく代金の約2053.5ドルを支払ったとされています。この時輸入された葡萄苗の種類はわかりませんが、新政府は渡りに船とこの葡萄苗を明治２年（1869）から整備された実験圃場などで活用したのだと思われます。津田が学農社で苗木販売をしていたのはこの時アメリカを見ていたからに違いありません。

アメリカへの派遣から帰国後、津田は新潟奉行所で英学教授方兼通弁として勤務しています。しかし、慶応３年（1867）11月大政奉還、慶応４年には戊辰戦争が勃発して、津田は新潟で官軍と対峙しましたが敗れて東京に戻ります。

その後津田は官職を辞しますが、持ち前の英語力を生かし明治政府が外国人向けに建設した築地ホテルに理事として勤務し、外国人の食事に必要なフレッシュな西洋野菜の栽培も始めます。津田は明治４年(1871)

に麻布に土地を求めて本格的に野菜栽培を始めます。麻布には明治政府の開拓使の官園もあったため、津田は開拓使の嘱託となり海外から野菜の種を輸入し野菜づくりを指導しました。開拓使は、黒田清隆がアメリカの農業局長のケプロンを最高顧問に迎えますが、津田はアメリカ農業についてこのケプロンとも意気投合したという記録も残っています。

ウィーン万博へ

津田は開拓使から大蔵省勧農寮に移った後、ウィーン万博三級事務官心得、農具及び庭園植物主任兼審査官担当として総勢70名の博覧会スタッフとともにウィーンに赴きます。津田はこの時、ウィーン在留のオランダ人農学者のダニエル・ホイブレイクの園芸学についての講義を聞き、実際に 農園で麦や葡萄を使った伝習を受けたといいます。明治6年（1873）、津田36歳の時のことです。

この時津田がウィーンから持ち帰ったニセアカシアは、東京大手町で初めての街路樹として栽培され、現在は皇居近くのパレスホテル北西の歩道にその記念碑が建っています。また、ウィーンからの帰国後、津田はホイブレイクから受けた講義を編集して『農事三事』を出版します。この三事、つまり三つの方法ですが、第一の気筒埋設法は素焼きの筒を地中に埋めて栄養を効果的に送り込む方法、第二の樹枝曲法は樹枝を下方に曲げて結実を促進する方法、第三の花媒助法は人工受粉のことで、この本は数万部発行され当時のベストセラーになりました。

東京・大手町一丁目一番にある「市内最初ノ並木」ニセアカシアの記念碑

下方誘引整枝は、出版から30年以

上経った明治40年（1907）においても、葡萄の神様といわれる川上善兵衛が重視していた葡萄の仕立て方です。いわゆるホイブレイク方式といって結果母枝を地面へ向かって誘引する方法で、幹を太くし結果枝の芽を確実に伸ばす方法として伝えられていました。

さらに、この第三の方法を応用して媒助法「津田縄」を考案し全国で販売しました。これは、米麦の花粉の受粉を促し生産量を拡大する縄を使った道具でしたが、のちに内藤新宿試験場での実験結果から「媒助法の効果はこれに要する経費を償うに足らざるもの」と認定されてしまいました。しかし、この津田の挑戦は多くの論争を生み出し農業を科学や学問としてとらえる初めての出来事であり、その後の農業の発展につながったといえます。

また、ウィーン万博からは、勧業寮は様々な農業技術の資料を持ち帰って翻訳し日本語で全国に普及をしています。ワインの醸造技術について注目されるのは、田中芳男が持ち帰った「独逸農事図解第三　葡萄酒管理法」です。これは、明治８年（1875）９月に勧業寮から日本語版が発行されており、日本で最も古い醸造技術や化学分析に関する文献です。この解説書は、ドイツの資料をオランダ人フハンカステールが訳したものを、内務省勧業寮の平野栄らが「努めて字数を省き」要約したもので、ワイン醸造技術以外にも、果樹栽培法、葡萄栽培法などの30分野の農業技術が日本に導入されました。なお、田中は長野県飯田市の生まれの農学者。慶応３年（1867）にも第４回パリ万博に参加していて、第一回内国勧業博覧会では審査委員長も務め、後に農商務省博物局長として上野動物園植物園を設計しています。

学農社の農学校と農業雑誌

津田は、明治８年（1875）９月１日、麻布東町23番地に学農社を開き、農学校の開設と翌年１月からは「農業雑誌」を発行します。

農学校の農園は麻布本村町178番地にあって、教員が１名、学生12名で、本科は３年コースでした。また、学内で日曜学校を開催し、フルベッキ、ジュリアス・ソーパー等を講師に招いてキリスト教の教えを説いたといわれています。その後明治９年には新校舎が完成し、教員は７名、学生は35名と規模を拡大していきます。明治10年（1877）には麻布新堀町２番地西に移転。学農社農学校の学生数は年々増加し、同年は53名、そして明治14年（1881）には175名となります。

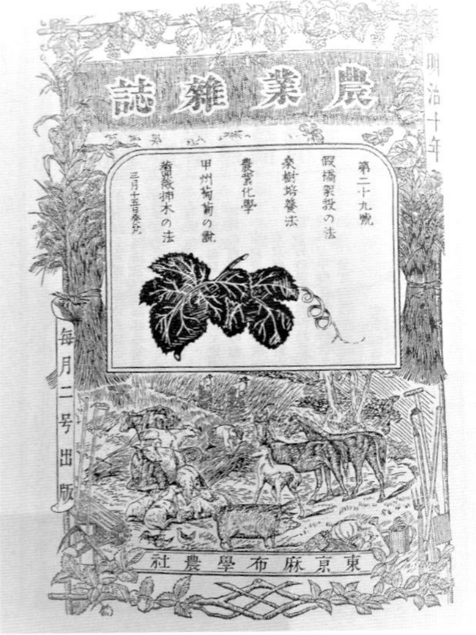

甲州葡萄の説を紹介。「農業雑誌」第29号（国立国会図書館所蔵）表紙

一方、明治政府による農学校の整備も進んでいきました。内藤新宿試験場のなかに農事修学場を設置して、明治９年（1876）には農芸化学教師のエドワルド・キンチなど外国人講師５名を採用し、翌年は農学科生20名、獣医学科生28名を入学させています。この農事修学場は11年（1878）には官立駒場農学校（現、東京大学農学部）となり、駒場へと移転しています。また、明治９年８月には札幌農学校も開設され、初代教頭には、有名なクラーク博士を招聘しています。

後に播州葡萄園を開設する福羽逸人《はやと》らは、２年間学んだ津田の学農社農学校をやめて授業料が無料の駒場農学校へと移っています。このような官立の農学校の開設により、学農社農学校の学生は明治17年（1884）には25名へと減っていき、８年間続いた農学校も同年を最後に閉校していきました。学農社が明治９年（1876）１月から出版した「農業雑誌」は、１月10日の創刊から毎月２回発行され、津田が61歳で引退した明治31年（1898）の後も続き継がれ、なんと大正９年７月の1221号まで発行されます。これは明治を通して農業や農業化学の状況がわかる重要な資

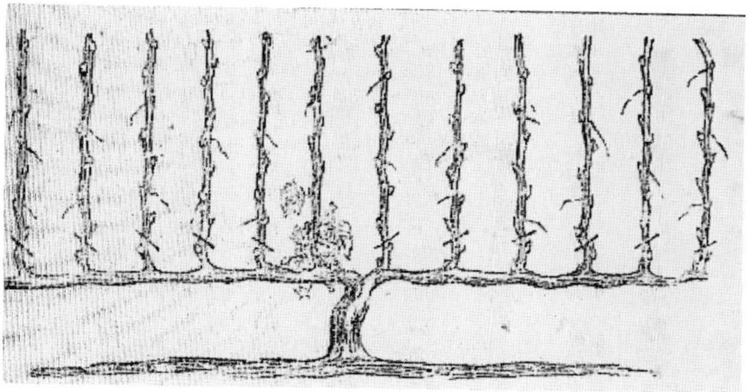

明治10年の「農業雑誌」第35号（国立国会図書館所蔵）に掲載した挿絵。発行人の津田自ら葡萄の垣根仕立てなど栽培法について連載記事を執筆。この挿絵は短梢剪定の説明

料として残っています。

津田は、「農業雑誌」に自ら執筆した論文を数多く掲載しています。「砂糖大根より砂糖を製する法」（第17号）、「葡萄酒並びに三鞭酒（シャンパン）醸造法」（第20号）、「良種の葡萄樹を速やかに増やす法」（第22号）などなど。特に西洋の食文化としてのワインについては関心が深く、葡萄栽培については第30号から垣根栽培などの西洋の仕立て方などを連載、また、ワイン醸造についても明治９年（1876）10月をスタートに何度も記載しています。

なかでも、明治９年（1876）10月発行の「農業雑誌」第20巻に記載されているワインとスパークリングワインの醸造方法、さらにはアルコール発酵の原理の記述については、当時の発酵化学のレベルを知る重要な手がかりとなっていますので、現代語訳を次に記載します。

「葡萄酒を醸造することは、葡萄の糖分を「アルコール」に変化させることにある。葡萄の実の皮に多く付着している色素及びタンニンは、葡萄の種類とその実の熟成度によって違いがある。（中略）発酵には葡萄を清潔な大桶に入れ、葡萄の種を砕かぬようにして足で踏みつぶすこと。最近では一種の絞り器械を発明した人がいて、種をつぶさないように絞ることができる。（中略）通常の葡萄酒なら三日から八日で発酵が終わる（中略）葡萄酒を清澄するには卵の白身または牛の血あるいは膠《にかわ》等を加えることを通例とする」

「三鞭酒（シャンパン）を造るには、葡萄酒の量の百分の三から五の白糖をその葡萄酒の中に混入すること。（中略）これを壜に入れ、針金にてその栓を堅く結び（中略）葡萄酒の中に混入した白糖がその葡萄酒の中の酵母（イースト）によって発酵し「アルコール」に変換するため壜の中に炭酸ガスが発生する」

「天然の発酵は、特に酵母などの起醸物を加える事なくして起こる。例えば葡萄酒、乳汁、尿など。ただ大気中にそれらを放置するだけで酸化物となり、あるいは次のような分離を起すことになる。（中略）発酵を起こす生体の種子は常に大気中に浮遊して、液汁のなかに落下することにより自らを増殖させ、かつ成長することによって発酵が起きることが発見されている。（中略）発酵の主な形式には次の５種類がある。

第一　酒精発酵（アルコホリック・ファーメンテーション）専《もっぱ》ら酒精及び炭酸を生下《せいか》す（生まれ落ちる）

第二　酢発酵（アセクス・ファーメンテーション）　酢酸を生下す

第三　乳発酵（ラクチック・ファーメンテーション）　専ら乳酸を生下す　（以下略）」

さらに、「農業雑誌」の第30号から27回にわたり続けられた「葡萄樹作り法」においては、西洋品種の垣根式の仕立て方など非常に詳しく掲載されています。日本に西洋葡萄がないなかで、津田は、ワイン造りは大規模な農園開発による葡萄づくりから始まるということを理解していた数少ない農学者だったのでした。

津田仙、甲府へ

津田は、栗原信近の要請で明治９年（1876）６月に甲府を訪れています。藤村県令の懐刀であった栗原は、綿糸紡績業を起こすために「農産社」を設立するなかで津田仙との交流があったといいます。藤村の依頼により、栗原は当時甲府で造られていた山田宥教と詫間憲久のワインの指導を津田仙に依頼したのでした。明治10年（1877）３月に発行された「農業雑誌」29号には、前年に津田仙が甲府に出張した際、山田と詫間のところを訪問した次のような内容の記事があります。

「私はまた甲府に戻り、詫間氏山田氏の住居を訪れたところ、諸氏はその近くで栽培した葡萄、野生の葡萄より醸造した葡萄酒を持って私をもてなしてくれた。私はまず諸氏のこの葡萄酒を製造した苦労を賛美し、あわせてこの種類の葡萄では通常の飲料を造ることはできるといえども、これで佳良の葡萄酒を醸造することはできないことを説明した。また、諸氏はこの葡萄の実皮を蒸溜して焼酎を製造している。（中略）この諸氏の既に製造した醸造方法もってすれば、もし良種の葡萄を選んでこれを適宜に栽培してから葡萄酒を製造したならば、必ず良好なる美酒を得ることができることに私は疑いをもたない」

このように葡萄酒を飲んだ感想として「葡萄酒の醸造方法は間違いない。もし良い品種の葡萄で醸造したら必ず美酒となるのは疑いない」とのコメントが記載されています。また、ここでは山田と詫間は葡萄の実皮を蒸溜した焼酎、つまりブランデーを造っていたことも記述されています。「葡萄の実皮を蒸溜」ということは、ワインを造り終わった時に出る搾り粕とそこに含まれるアルコールを利用して造る「粕取りブランデー」のことです。

この津田仙の甲府訪問には、内務省勧業寮から大藤松五郎が同行し、その後９月20日から「葡萄酒造りのため」山梨県へ出張しており、この時山田と詫間による１万本のワイン造りに参加していることは既に述べました。

また、学農社農学校の学生だった福羽逸人が、津田の紹介で明治11

年（1878）に祝村の雨宮家を訪れています。福羽は当時、学農社を中退して勧業局試験場の学生として学んでいたところでした。翌明治12年(1879）に内務省御用掛になった福羽は、この時の調査結果を『甲州葡萄栽培法（上)』（有隣堂）として出版しています。

そこには、文治２年（1186)、岩崎の雨宮《あまみや》勘解由《かげゆ》が城《じょう》の平《ひら》で山葡萄と異なる蔓植物を発見。自宅に持ち帰り植えたところ、５年後にやっと結実した種が「甲州」であったという伝説が、冒頭に記載されていて、これが現代まで続く甲州葡萄雨宮勘解由説となっています。なお、この福羽の記録には、甲州葡萄の棚式栽培を伝えたといわれる「甲斐の徳本」の話も記載されています。

気賀《けが》健生《たけお》青山学院大学名誉教授（故人）が書いた書籍『青山学院の歴史を支えた人々』に津田仙が紹介されています。「津田仙の名を知る人は少ない。(中略）しかし彼の生きた明治期には、官界から外交、実業、農業畑、教育、宗教界から社会事業界に至るまで、津田仙の名は広く知られていたのである。(中略）彼は生涯その身を飾る何の称号をももたなかった。ごく若い時代を除いて終生在野の『平民』であった。しかし、豪放磊落にして義侠肌、直情径行にして天真爛漫、その行動力は群を抜き、巨軀をひっさげたその姿は至るところに見られ、情け深く涙もろく、畏敬をもって人に頼られる『大平民』であった」と。

もともと津田仙は士族でしたが、自らの意思により野に下り「大平民」となりました。そして、次に紹介する同じ千葉出身の大藤松五郎とともに、明治の初めにおいて日本のワイン造りに大きな貢献をしていたのでした。内村鑑三は、「津田式農業は第一に文明流の農業である。第二に平民的農業であって（中略）体を養うと同時に天に徳をつまんとする農業である」と評価しました。明治の民間における最も偉大な農業者は、明治41年（1908）70歳でこの世を去っています。

大藤松五郎と
山梨県立葡萄酒醸造所

大藤松五郎　*1838～1890*

大藤松五郎

大藤松五郎

大藤松五郎は「おおとうまつごろう」と言います。これは、明治10年（1877）の夏、カナダ人宣教師のC・S・イビー師と東京大学で醸造化学を教えていたイギリス人のロバート・ウィリアム・アトキンソン教授が甲府を訪れた際の記録に、大藤のことを「Otto」と紹介されていることから読み取れます。また、この記録には大藤はカリフォルニアで果樹栽培とワイン醸造に８年間を費やしたこと、現在は甲府城址で果樹栽培とワイン醸造などを行っていることも記載されています。

大藤は津田仙と同郷の千葉県出身で天保９年（1838）生まれですので、天保８年（1837）生まれの津田とほぼ同年代です。

津田は士族、大藤は平民でしたので千葉での交流はなかったものと考えられますが、大藤は津田の紹介で明治９年（1876）には山田宥教と詫間憲久のワイン造りを指導し、明治10年（1877）４月には山梨県庁の勧業試験場に採用され7月からは葡萄酒醸造所を任されています。ただ、当時は大藤以外に醸造所を整備できる人はいないので、山田と詫間のワイン造りと並行して、この間ずっと山梨県立葡萄酒醸造所の建設に携わっていたと考えられます。『大日本洋酒缶詰沿革史』においても「大藤を甲府に留め」という記述が見られます。

大藤、カリフォルニアへ

大藤がなぜアメリカに行ったのか、そしてアメリカ生活の8年間の内容はこれまで明確にはわかっていませんでした。

『大日本洋酒缶詰沿革史』では、「内務省勧業寮より醸造業研究のため米国に派遣した大藤松五郎が帰朝したところで、氏を前記山田及び詫間共同の醸造場に派して実地指導をして、その担任の下に純良葡萄酒一万本（四合入）を試醸した」との記載があり、「勧業寮が醸造業研究のため大藤を米国に派遣した」としています。しかし、内務省が大藤をアメリカに派遣した記録はなく、この記述は誤りだと考えられています。

ただ、アトキンソン教授の教え子で、東京帝国大学工科大学（現、東京大学）応用化学科の教授を日本人として初めて担当した高松豊吉は、「大藤某は米国カリフォルニア州において8年間実地該事業を履修し、明治九年帰朝の後に右醸造所を設立し、以来甲州名産の葡萄をもって白葡萄酒を醸造する」との記録を残していて、8年間ワイン造りに関わったというのは確かなようです。

それが2年前、カリフォルニア州サクラメント在住の山根洋子コリンズさんとのメールでのやり取りで、一気に解明に向かっていきました。きっかけは、日本から最初にアメリカ本土に入植した移民地「若松コロニー」において若干19歳で亡くなった人物を主人公とした「おけい」というテレビ番組でした。

その後、山根さんや大藤松五郎氏の子孫、ロサンゼルス羅府新報社の記者とのやり取りなど、「若松コロニー」150周年を通して大枠の動きが次第に明らかになってきたのです。

シュネルらによる移民団

まずは「若松コロニー」からです。時代が明治に代わる１年前の慶応３年（1867）10月。大政奉還が行われた後、慶応４年（1868）１月鳥羽伏見の戦いをかわきりに戊辰戦争が始まります。３月甲州勝沼の戦い、４月江戸城無血開城、５月北越戦争、８月会津戦争、11月会津藩の降伏。その後、明治２年（1869）箱館戦争と新政府軍の進撃が進み、５月18日に箱館五稜郭は陥落して１年５か月にわたる戊辰戦争が終わり、幕府軍は消滅していきます。

会津藩23万石は、この敗戦で青森下北半島の陸奥斗南《となみ》藩３万石に転封されたため多くの藩士が職を失いました。この状況に対し、藩の軍事顧問であったジョーン・ヘンリー・シュネルはアメリカのカリフォルニアに会津藩士400人の移民村をつくる提案をして藩公に認められたといいます。移民団の先発隊は、明治２年（1869）春、横浜港からチャイナ号に乗ってカリフォルニアに向かいます。既に1867年には横浜とサンフランシスコ間の定期航路は開設されていたのです。

カリフォルニアについたシュネル一行の動向については、武蔵野美術大学の小澤智子教授が、2018年３月にＪＩＣＡ（日本の国際協力事業団）横浜海外移住資料館「研究紀要」第12号で発表した論文「アメリカの新聞報道が語るワカマツ・コロニー」において、アメリカの新聞を丹念に追いかけて発表しています。しばらくこの論文を基にして「若松コロニー」を追いかけてみたいと思います。

600エーカーの若松コロニー

1869年（明治２年）５月27日の「デイリー・アルタ・カリフォルニア」紙の一面では、移民団第一陣として５月20日にシュネルとともに日本人家族３世帯の９人が、桑の樹、お茶の種などを持ってサンフランシスコに到着したことを伝えています。また、すぐに40家族が来るとも書かれています。

6月16日の同紙には、シュネルはカリフォルニア州エルドラド郡コロマから3㎞ほど南に下ったゴールドヒルにある「グレイナー農場」を総額5000ドルで購入したとあります。そこは、柵に囲まれた600エーカー(240ha)の土地に、7年生の大きな葡萄樹があり、灌漑のいらない実をつけるまでに育った5万本の葡萄の樹や上質作物ができる広大な穀物畑、整った家具付きレンガ造りの家、納屋、設備の整ったワイン貯蔵庫、工作用具一式、馬、馬車等々があると記録されています。

7月30日の「デイリー・アルタ・カリフォルニア」紙ではシュネルにインタビューし、お茶の樹は順調に育っているが養蚕は難しいこと、さらには農園には葡萄畑とワインの醸造施設があるのでワインについて学んで日本に輸出したいことが述べられています。また、8月15日の同紙では、シュネルがこの600エーカーの農場に加え、エルドラド郡ゴールドヒルから22㎞離れたところに、26床のベッド付き旅館を含む別の大きな農場を1800ドルで買ったことが報道されています。そして、その後、同11月20日の「シンシナティ・デイリー・エンクワイアラー」紙では新たに13人が到着し、日本人22人は本格的にお茶などの栽培を始めたとあります。

若松コロニーのメンバー

この農場こそが「若松コロニー」ですが、これまでどのようなメンバーが先陣隊で到着したのか不明でした。しかし、2018年3月に出された東京学芸大学の菅美弥教授の論文「日本人移住史とセンサス史のリンケージ:1860－1870年」で、このことが明らかになってきました。

この論文によると、外務省に残された「於開港場免状相渡候航海人名鑑第一巻(以下「航海人名鑑」)の名簿の備考欄に「プロイセン人ケルム」と記載されていた20名が、若松コロニーのメンバーと思われる一行とされています。ケルム(クレマー)は幕末に横浜にあったシュネルの会社の職員で、彼が代理手続きをしたこの20名には明治2年(1869) 3

若松コロニー（アメリカン・リバー・コンサーバンシー=ARC提供）

月12日に出国の免状が与えられています。

さらに菅教授は、この「航海人名鑑」と1870年のアメリカのセンサス（国勢調査）の調査票を比較して、佐吉（柳沢佐吉）、松之助（桜井松之助）などの同一人物を特定し、この集団を若松コロニーへの移民団として間違いないことを証明しました。

また、アメリカ・ロスアンジェルスの羅府新報によると、1869年３月に発行された渡行免状のリストに「松五郎」という名前があることが確認されました。そこには、1876年１月６日日本に帰国したことも記入されています。また、カリフォルニアの「ワゴンホイール」という会報では、大藤は歴史的に有名なコロマホテルの建設に貢献したと記録されており、若松コロニーの大工として入植したことがわかりました。

スイス人とともに葡萄栽培、ワイン醸造

大藤松五郎の６代目の子孫にあたる白石菜織さんは、中学３年生の時に大藤松五郎という自分の祖先のことを調べ、2019年６月にアメリカのカリフォルニアで行われた若松コロニー150周年の記念式典でこのこと

を発表しています。白石さんは「祖母から、そのまた祖母の島崎さく（旧姓・大藤さく）は両親がカリフォルニアに入植後に生まれたという話を聞きました。一家はアメリカに一緒に行った何人かの日本人とともに土地をもらい耕していましたが、土地が合わず失敗して帰ってきたようです。帰国後は山梨に行って果物をつくったと聞いています」と話してくれました。

アメリカの1870年のセンサス（国勢調査）には、この「若松コロニー」にスイス人デルボール・ファインド（Dielbol Find）26歳が職業ワインメーカーとして住んでいたことがわかっています。このため、大藤たちはアメリカ生活の最初にこのスイス人ワインメーカーとともに葡萄栽培とワイン醸造を実践したのだと考えられます。1871年８月６日の「デイリー・アルタ・カリフォルニア」紙では、「若松コロニーでの大規模なお茶栽培は成功しなかった。その原因はゴールドラッシュによる金鉱山からの鉄分と硫黄分の流出汚染である」と報じています。

その後、この広大な跡地は隣人だった農場主ビアキャンプ家が買い取り、残ったのはシュネルの子供の子守りだった「おけい」と元会津藩士の桜井松之助、大工の増水国之助の３人でした。今でも増水の血を引く末裔がカリフォルニアに住んでいます。また、現在若松コロニーの跡地は「若松ファーム」と名付けられ、自然保護を目的に活動するＮＰＯ「アメリカン・リバー・コンサーバンシー（ＡＲＣ）」が所有して、敷地内にある移民団のメンバーのうちアメリカ本土で最初に亡くなったとされる日本人女性「おけい」の墓もボランティアとともに管理しています。

帰国後、トマトの缶詰の試験製造

ところで、「航海人名鑑」の名簿から若松コロニーにいたことが明らかになっている柳沢佐吉は、明治８年（1875）に日本に帰国し勧業寮の内藤新宿試験場に勤務して桃の缶詰の試験製造を行っていますが、この翌年には大藤松五郎も帰国して同様に内藤新宿試験場でトマトの缶詰製造の試験をしています。この二人の缶詰づくりは『大日本洋酒缶詰沿革史』において日本の缶詰発祥として記載されています。

柳沢や大藤の帰国についてですが、当時の松山藩の池田謙蔵が関わっている可能性が高いことがわかりました。池田は藩命で明治4年(1871)春に渡米し、農業・園芸について調査をしています。明治5年（1872）末にはアメリカで岩倉具視使節団と出会い使節団に同行してイギリスに渡ることになりますが、ここでも農業・園芸について調査を行い、その後植物種子数種を購入しパリを経由して明治6年（1873）1月に帰国しています。帰国後は、愛媛県庁勤務の後、明治8年（1875）には内務省に出仕し内藤新宿にあった勧業寮第四課の樹芸課に勤務します。

池田は明治9年（1876)、フィラデルフィア万博に審査官として出張して3か月にわたってアメリカ農業視察を行い、葡萄栽培や桃の缶詰の製造技術も学び帰国。その後明治12年（1879）5月に三田育種場の場長となっています。現時点でアメリカでの大藤との接点は確認されていませんが、渡米、葡萄栽培、園芸、勧業寮内藤新宿試験場、缶詰と共通点が多く、池田が勧業寮内藤新宿試験場に缶詰づくりの技術者として、アメリカから柳沢と大藤を呼び寄せたのかもしれません。

カリフォルニアワイン王の長澤鼎との関係

当時のカリフォルニアのワイン産業の状況ですが、1848年のゴールドラッシュの直後から葡萄園の開拓は始まり、1861年にはヨーロッパ各地から1400種類10万本の葡萄の苗木が取り寄せられて、ソノマ、ナパ、サンタクララなどに植えられました。そして、1869年（明治2年）には大陸横断鉄道が開通して、ニューヨークの商人によってカリフォルニアワインがヨーロッパに輸出され始めたのです。

1873年（明治6年）の記録では、カリフォルニア全体で300億本の葡萄の樹が栽培され、3年後には430億本と大きな伸びを示しています。1870年代半ばにはソノマ郡がカリフォルニア最大のワイン産地となって、1880年代にはナパに800ha、ロサンゼルスには4000haものワイン用の葡萄畑がありました。カリフォルニアでは19世紀後半にはヨーロッパ系品種が中心に栽培され、ワイン産業の最初の黄金時代が来ていました。このような時代に大藤や長澤鼎《かなえ》はカリフォルニアにいたのです。

長澤鼎は薩摩藩の士族で、藩主島津斉彬《なりあきら》の指示で慶応元年（1865）にロンドン留学を命ぜられた15人のうちの一人です。慶応３年（1867）になると藩からの留学資金は減少して留学生６名は薩摩に戻りますが、長澤や森有礼などの留学生は米国の宗教集団のリーダーであるトーマス・レイク・ハリスに促され、ニューヨーク州ブロックトンにある「新生兄弟社コロニー」に参加することにしました。個々の仕事の中心はワイン造りのための葡萄栽培でした。戊辰戦争が始まった明治元年(1868)になると長澤以外の留学生は日本に戻っています。

その後、ハリスと長澤他３人は新天地を求めて明治８年（1875）７月に、カリフォルニア州ソノマ県のサンタローザに新しい葡萄畑を開拓するため移動し、約400エーカー（160ha）の土地を２万ドルで購入しています。この農園の建設工事はすぐに始まりましたが、フィロキセラの影響で植え付けは難航し明治11年（1878）にようやく葡萄畑は完成します。 ワイン用葡萄は375エーカー、食用葡萄は25エーカーに植え付けられました。そして、明治25年（1892）には、約60万ガロン（約300万本）のワインを醸造する大規模なファウンテングローブワイナリーが完成したのです。

明治23年（1890）にハリスがニューヨークに戻ったため、長澤がワイナリーの責任者となります。その後、ファンテングローブはカリフォルニアの10大ワイナリーの一つとなり、長澤は「カリフォルニアワイン王」と呼ばれるまでになりました。

さて、このファウンテングローブワイナリーには、大藤の同僚である柳沢佐吉が勤めていたことが明治36年（1903）発行の「女学雑誌」（女学雑誌社）に記録されています。「柳沢佐吉という人は、明治の初めのころより、ファウンテングローブといういわゆる葡萄園があり、またハリス翁が住んでおられたところに働かれた方である」「柳沢氏いわく、

山梨県立勧業試験場の図（「山梨県埋蔵文化財センター研究紀要18」所収、東京大学史料編纂所所蔵）。この場内の一画に葡萄酒醸造所が併設される

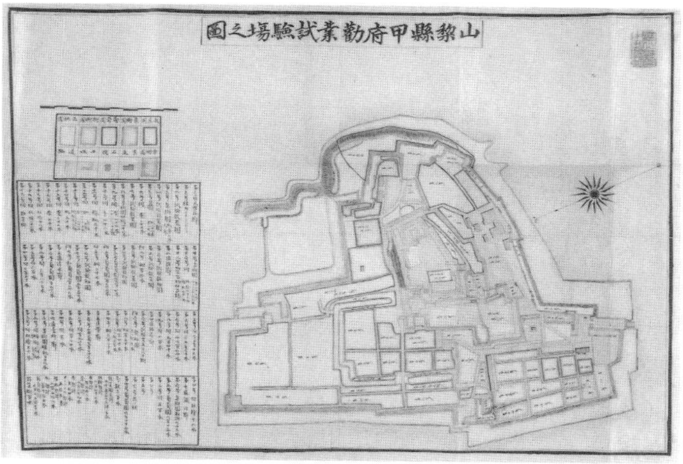

長澤氏は、葡萄園に働いている日本人仲間で『今太閤』といいます。実に精力の強い、何をしても一番エライ技術家です」と書かれています。

つまり、明治の初めに柳沢は長澤と一緒にソノマのファウンテングローブワイナリーで働いていたということがわかります。また、日本人仲間もいたということですので、大藤松五郎も長澤と一緒に働いていた可能性は高いと考えられます。柳沢は明治８年（1875）、大藤は明治９年（1876）１月、ともに内藤新宿試験場に勤めるために日本に帰国していますので、それぞれ数か月から半年くらいの期間ではありますが長澤とともに葡萄の植え付け作業などをしたことになります。

山梨県立葡萄酒醸造所に勤務

明治８年（1875）６月５日の山梨県立勧業試験場設立の翌年６月、葡萄酒醸造所がこの試験場内に併設されます。場所は今の甲府駅の南側に隣接する甲府城址で、遊亀橋近くにある舞鶴城公園管理事務所の周辺でした。同年７月にはこの醸造所が稼働していますが、この醸造所を中心となって動かしたのが、内務省勧業寮から山梨県に引き抜かれた大藤松

五郎でした。

これまで述べたように、大藤は明治２年（1869）より８年間カリフォルニアで果実栽培と酒類醸造を実践し、明治９年（1876）に帰国して勧業寮の内藤試験場で、缶詰の試験製作をしていました。山梨学院大学の保坂忠信名誉教授の論文「藤村県政に招かれた永田方正とその著書『西洋教室』・第２課担当城山静一・葡萄醸造所指導者大藤松五郎とその周辺」によると、勧業寮の内藤試験場での日給は１円25銭であったといいます。

この県立葡萄酒醸造所の開設の前年、大藤は６月24日と９月20日に内藤新宿試験場から甲府に出張しています。最初の６月は津田仙に同行して山田宥教と詫間憲久のワイン造りについて調査をして必要な醸造器機を手配し、９月からは甲府市八日町の詫間の蔵で行われた１万本のワイン造りに参加するために長期滞在しています。この時の大藤によるワイン造りの手法は山梨県史に記録されていますが、ワインの保存のために硫黄ガスを利用するなど当時としては最新のワイン醸造・保存技術を持っていました。

大藤の山梨県への正式採用は、明治10年（1877）４月28日39歳の時のことで、月給40円でした。当時、県が勧業政策で最も重視していたのは製糸業でしたが、これを所管する県立勧業製糸場の運営責任者だった名取雅樹の月給は30円でしたから、大藤は破格の待遇で山梨県に招かれたのでした。藤村県令の期待は大きく、藤村の長男と次男の学友３人のうち一人が大藤の長男だったといいます。この時の長男のあだ名が「酒造太郎」と記録されています。

また、明治10年11月27日の「甲府日日新聞」によると、県庁新庁舎の開庁式について、「その総人員五百二十余人にして、(中略)料理は日本、西洋の混合にて、日本料理は魚町の松亭が承り、西洋料理は葡萄酒醸造果樹栽培方の授業師大藤松五郎氏の細君が承り、生徒並びに製糸工女二十余名が手伝いをした」と記録され、大藤は「葡萄酒醸造果樹栽培方の授業師(先生)」として紹介されています。また、西洋料理は大藤の妻の三輪が担当していて、一家で甲府に来ていたことがわかります。

明治10年の第一回内国勧業博覧会に出品

出品者は詫間憲久、製造者は大藤松五郎

県の勧業年報では、明治９年（1876）中に山田と詫間のワイン造りは廃業したと記載されていますが、詫間が明治９年に醸造したワインなどは、翌10年８月に開催された第一回内国勧業博覧会に出品されています。また、『明治前期産業発達史資料第７集』（明治文献資料刊行会編）明治10年内国勧業博覧会出品解説には、このワインの製造方法が次のように記載されていますが、出品者は詫間憲久、製造者は大藤松五郎となっています。

「葡萄酒は生の葡萄を箱に盛り手で茎を取り去り圧搾機に入れ圧潰し、搾槽に移し汁液中に沈澱する残渣を濾過し取り去り、その清汁を「ゴム管」を以て醸樽に送り、蔵中に静置することおおよそ五週間にして、発酵の気が止むのを待って醸樽の下部に設置してある注管（のみくち）の栓を脱し、澄液をくみ取って他の清潔なる醸樽に移し、前に用いた醸樽に沈澱している渣滓（かす）を取り去り、この渣滓は貯蔵して火酒の醸造に使う。後７週間毎に同じようにする渣滓を取りさること三回にして醸熟する」

「「ビタアスワイン」（苦味の葡萄酒）は葡萄の液汁に「火酒」おおよそ三分の一及び葡萄舎利別（グレープスセロップ：シロップ）おおよそ六分の一を調和し、前次の方法で「菖蒲根」「橙皮」「肉豆蔻《にくずく》（ナツメグの原料）」「コリヤンタルシーヅ」「シンナモン」「クローブス」「ウイジニヤスナクロット」「ヂンタイン」「アイヅグラス」を和して醸造し、おおよそ六月間を経て始めて飲料に供する」

「「スウイト（スイート）ワイン」（甘味の葡萄酒）は醸造の前、硫黄を塗抹した綿布を銅線にまとい火を点じてこれを醸樽に入れ、即時にゴム管を（搾槽より接続したもの）で果汁を注入し、これを蔵の中に静置しておおよそ三週間にして渣滓（かす）を去り、その澄液を取ること三回にして「火酒」（ブランデー）十分の一を調和し、その後六月間を経て飲料に供する」

「「ブランデー」（火酒の名）は、葡萄酒を製した果実の滓《かす》、あるいはその醸樽に沈澱した滓等を用いて、一旦これを醸成して蒸缶に移し、蒸溜して後「アルコールメートル」（酒精試検器）をもってその度数を計り、五十二度に昇騰してから菖蒲根、茴香《ういきょう》、「ブローム」（ドイツ産梅の類（プラム））「葡萄酢（ヴィネガル（ビネガー））」五味を加え貯蔵すること六月間にして飲用に供する」

この醸造法の最初の注目点は、山田と詫間の醸造で使われた「麴」を使っていないということです。日本酒のように穀物のデンプン質を糖化するために麴は使われますが、そもそも葡萄果汁には糖分があるため麴を添加する必要はありません。これは、大藤がワイン醸造技術を持っていたことの証であります。さらに、スイートワインの醸造法に「硫黄」を用いていることにも注目しなければなりません。これは、ワインに甘さを残すため発酵を抑えること。さらには果汁糖分を再発酵させないための工夫であるといえます。大藤は「硫黄」の利用方法も十分知っていたのです。これは、ワインの保存法としては極めて重要な技術です。また、ブランデーを添加しているのも、ワインの保存などを考えたうえでのことであり、これはマディラやポートワインの製法でもあります。

明治15年（1882）10月の「大日本農会報告」（大日本農会）では、スイートワイン製造法について、「多くは米国に流行するところであるが、欧州にははなはだ少ない。（中略）幸いに山梨県にその酒を醸造している大藤松五郎氏がいる。志のある人はどうか同氏に教えてもらってその法を伝習すべし」とあり、大藤の製法は国内に知れ渡っていたといえるのです。なお、出品目録にある「ベートルス」は、ビタアスワイン（bitters wine）で「ビター」つまり苦味（渋味）ワインで薬用ワインのことです。そして、これらは山梨県立葡萄酒醸造所のワイン醸造法に他ならないのです。

ビットルは薬用葡萄酒の原型

また、明治12年（1879）８月16日の朝日新聞の記事には、山梨県立葡萄酒醸造所が醸造した酒類として「ビットル」（苦味葡萄酒）、「スイートワイン（甘味葡萄酒）、「ブランデー」（火酒）、「ホワイトワイン」（普通白葡萄酒）の四種が記載されています。ビットルは英語ではビターズで、薬草や樹皮、香辛料などをアルコールに漬け込ませた苦味を特徴とするリキュールのこと。明治のワインが甘味をつけた薬用葡萄酒になっていく原型ともいえるのです。

ちなみに、硫黄ガスの利用はウィーン万博から持ち帰った「ドイツ農事図解」によって日本に初めて伝えられましたが、実際のワイン醸造では大藤が初めて使った手法でした。当時、コレラが流行していて、明治15年（1882）６月に布告された「第31號布告虎列剌（コレラ）病流行地方ヨリ來ル船舶検査規則」には、コレラ患者の発生した船室や厨房の消毒に「亜硫酸ガスノ蒸留法ヲ行ウベシ」と書かれていて、その殺菌効果が知られるようになりました。なお、この博覧会に詫間憲久の名前で出品されているもののなかに、甲府桶屋町の清水新助に注文してつくらせたワイン樽「醸樽一本輪鉄西洋形」がありますが、清水新助は祝村葡萄酒会社の樽もつくっていました。

山梨県立葡萄酒醸造所の概要

県立葡萄酒醸造所の施設ですが、国立公文書館に保存されている明治17年（1884）の「県立葡萄酒醸造所払い下げの要望書」のなかに「醸造

大藤が開設初期から勤務した山梨県立葡萄酒醸造所（山梨県立図書館所蔵）

所創立基本調査概表」があり、その全容が明らかとなっています。

葡萄酒醸造所は、家屋機械等を当時の金額5750円72銭７厘（樽桶等は除く）で建設し、後に約３割の1633円で祝村の大日本山梨葡萄酒会社社長の雨宮廣光に払い下げられています。なお、明治12年（1879）に内務省から１万5000円の資金を借りていますが、これは桂二郎がドイツから戻ったため、約６万本のワインを醸造しようとして、葡萄やビンなどの消耗品を調達するためでした。

主要施設は次のとおりですが、施設末尾の番号は配置図の番号と照らし合わせることができます。

- 事務所・生徒寄宿所１棟（７間３間）9
- 生徒飯場・職工小屋１棟（８間３間）5
- 葡萄圧搾場１棟（７間４間半）3
- 醸造蔵１棟（23間４間）1
- 醸造蔵１棟（12間６間）2
- 酒貯蔵庫仮倉１棟（３間８間）8

- 蒸溜倉１棟（７間４間）**4**
- 葡萄炭焼場２棟（５間３間、２間４間）**6、7**

その他醸造器機等として、蒸溜釜・蒸溜器械一式、葡萄圧搾機一式、湯沸釜、酒舟・その付属品、醸造樽175本、酒桶20本、酒桶小10本、半切桶20本、砂起桶調合桶５本、麹箱おおよそ100枚、酒袋おおよそ100枚も調達しています。

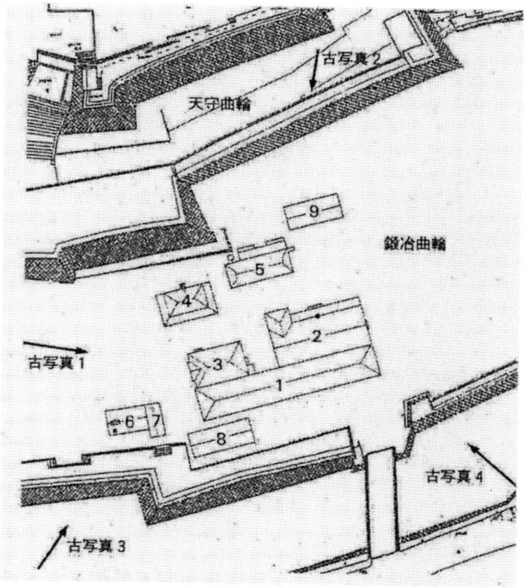

葡萄酒醸造所の主要施設（「山梨県埋蔵文化財センター研究紀要18」所収、2002年宮久保真紀）

このように山梨県立葡萄酒醸造所は九つの建物からなる大規模な施設でした。ですから、建物施設は醸造に係る仕事の一連の流れを想定しながらつくらなければなりませんでした。葡萄の搬入、圧搾、果汁の貯蔵、発酵、蒸溜、清澄、ビン詰などの知識と建築の知識が必要となります。

これらを大藤は一人でこなしたのでした。実は、渡米先の若松コロニーでは、大藤は当初大工として働いていたのではないかともいわれていました。であれば、このような施設整備はお手のものだったのかもしれません。さらに、明治18年（1885）４月には、愛知県知多の盛田葡萄園が新設するワイン醸造場の建築指導者として大藤は招かれているのです。

また、この要望書の記録から、県立葡萄酒醸造所では、明治10年（1877）には２万8896ビン（約115石）、明治11年（1878）には３万784ビン（約123石）のワインが生産されていたことが確認できます。これは、明治９年（1876）の山田と詫間の葡萄酒造りの本数１万本に比べ、

醸造所跡に残されていた当時のワインボトル（「山梨県埋蔵文化財センター調査報告書第222集Ⅰ-252」所収）

かなり多い醸造数量といえます。そして、明治10年(1877）生産分のワインは全て売り切れ、翌年のワインもスイートワイン2500本は発売すぐの５月中までに売り切れたことが記録されており、甘口ワインの人気があったことわかります。

さらに、山梨県埋蔵文化財センターの「甲府城跡葡萄酒醸造所生徒に関する諸資料」によると、醸造所はワインの生産研究に加え、研修機能も持っていたといいます。定員は８名で修業期間はおおよそ２年以上。長野、東京、長崎、高知の生徒もいて、修業生は１府10余県から来ていたという記録が残っています。

「甲府日日新聞」によると、県立葡萄酒醸造所は明治16年（1883）の仕込みを最後に醸造を停止し、以降は在庫を廉価で販売したといいます。同年は醸造所の母体である県立勧業試験場が廃止された年でもあり、その後大藤は尋常中学校の教師として働いています。大藤は明治21年（1888）に県庁を退職し、津田仙と同じ東京の京橋区に居を構えていましたが、明治23年（1890）５月10日に52歳でその波乱万丈の人生を閉じています。

桂二郎による
葡萄栽培・ワイン醸造指導

桂二郎　*1856～没年不詳*

桂二郎

桂二郎

桂二郎についての記録は少なく、一般的に知られているのは安政３年（1856）に長州藩萩で生まれ、後に総理大臣となる桂太郎の弟ということ。また、明治前期は『葡萄栽培新書』を発行し農商務省において葡萄栽培を指導したこと。それから明治後期には大日本麦酒会社の社長など実業界で活躍したということくらいでしょうか。

このような二郎に比べ、兄の桂太郎については様々な記録が残っています。なかでも、大正６年（1917）に発行された徳富猪一郎編『公爵桂太郎伝』（故桂公爵記念事業会）は様々な記録や書状等から上下巻で2000ページを超す詳細な情報が残されています。ここでは、この本の資料から二郎に関して関係するところを中心に紹介します。

兄の太郎は、弘化４年（1847）生まれで二郎とは８歳違いとなります。太郎は、萩の明倫館で吉田松陰、高杉晋作、山県有朋らと机を並べ、元治元年（1864）７月、16歳の時、毛利定広が藩主の罷免嘆願を行うために京都に上京するにあたり選鋒隊として随行しています。しかし、禁門の変で薩摩藩に敗れたのを知り途中で長州に戻ってきました。後の山梨県令の藤村紫朗は熊本藩士でしたが脱藩をして、長州藩に加わってこの禁門の変で戦っています。太郎は、その後奥羽各地を転戦するなど幕末の戦いのなかで名を馳せ、21歳の時の自費留学を含めて２度のドイツ留学を経験して、陸軍大臣から総理大臣へと上り詰めていきます。

明治３年（1870）二郎が15歳の時、太郎が最初のドイツ留学をしている時に二郎は大阪の兵学寮幼年舎に入学、その後将来の将校候補者の育成機関として設けられた全寮制の陸軍幼年学校に通っています。その後、明治８年（1875）３月30日、太郎はドイツ公使館付き武官に命ぜられます。

その年の５月、太郎の旧知の先輩である木戸孝允がドイツ公使の青木周蔵へ宛てた書簡には、太郎のドイツ留学に合わせ二郎もドイツ留学をさせてともに軍事を勉強させようとしていたことが書かれています。この時二郎は、工部省大書記官平岡通禧《みちよし》の養子となっていたため離籍の手続きに時間がかかり、横浜を立つのが６月初旬になってしまったといいます。そのためベルリン到着は７月中旬となりました。二郎20歳の時のことですが、この時まで二郎は兄を追いかけて軍人になろうとしていたのでした。

山梨県が支援したドイツワイン留学

翌年２月、太郎はベルリン滞在中の近況を陸軍省の真鍋斌《あきら》陸軍中将に報告していますが、そのなかで二郎のことについて次のように触れています。「愚弟のこと、仰せつけいただいたご厚情に大変感謝しています。近ごろ、二郎は非常に丈夫になって、昨年11月よりライン河の近くに宿を越して志の学科で勉強に励んでいます。どうぞご安心くださいませ」

この「仰せつけ」とは、指示されたことであり「志の学科で勉強に励んでいる」ことです。つまり、ドイツで体調を崩し予定通り軍事のことが勉強できない状況に陥ったためか、あるいはベルリンに来て葡萄とワインについてよほど興味を持ったためなのでしょうか、兄を追いかけて軍事のことを勉強することをやめているのです。

『サッポロビール130周年記念誌』（サッポロビール株式会社）によると、「二郎は二十歳の時、桂太郎のドイツ公使館附武官としての渡独に同行し、葡萄栽培葡萄酒醸造学校へ留学している」とありますが、二郎は真鍋斌陸軍中将の計らいで「ドイツに出発する前から」あるいは「ドイツに着いてから」山梨県の留学資金を獲得して葡萄とワイン造りの勉強を始めたと考えられます。真鍋斌は、やはり長州藩の萩出身で脱藩した藤村紫朗と懇意だったのかもしれません。

ここに記載されている「葡萄栽培葡萄酒醸造学校」（ロイヤル・プロイセン・フルーツ・アンド・ワイングローイング・スクール）は、普仏戦争（1870～1871）の後1872年に創立された、ラインガウ地方の「ガイゼンハイム葡萄栽培葡萄酒醸造学校」のことで、有名なミュラー・トゥルガウという葡萄品種は、1882年にこの学校のミュラー教授が開発した品種です。ミューラー教授は1867年から1890年までこの学校に勤務していましたので、二郎はミューラー教授に葡萄栽培、葡萄品種の育種を習っていたのかもしれません。

二郎のこの時の研修内容については、明治15年（1882）11月に出版された『葡萄栽培新書』に垣間見えます。この本は二郎がドイツ留学で得た葡萄栽培の知識を注意すべき項目ごとにまとめたもので、当時の葡萄栽培、特にヨーロッパ品種の葡萄栽培の教科書的な存在でした。

「葡萄栽培の適地や土壌の整備について。南向き斜面には収量が取れなくても高品質な葡萄を植えること。平地の栽培地には暗渠排水を整備すること。葡萄の開花時期や収穫時期の雨について。赤ワイン用葡萄栽培の土壌の適地について。ピノ・ノアール、メルローやリースリングなどの推奨葡萄品種について。挿し木や接ぎ木の方法。長梢栽培や短梢栽培などの仕立て方や剪定方法について。葡萄の収穫時期や方法。フィロキセラなどの病害虫予防について」などなどヨーロッパ品種の葡萄を栽培するうえでの必要な事柄を、二郎はこの学校で学びました。

また、この『葡萄栽培新書』の前文には当時の二郎の思いが記載されています。

「私は欧州でその業を実際に見たところで胸中に得るところがあるが、その研究日はなお浅く、かつ我が国においてこれから実験をしてその是非に当たらなければならない。要は荒れ地を開墾して大きな葡萄園を開設し葡萄酒を醸造する概略をこの本に示すのみであり、いやしくも葡萄を栽培してわずかに食用とするだけでは何の益はない」

二郎の思いは、フランスのように荒れ地を開墾して大規模な葡萄畑をつくり葡萄酒を造って「国を富ますこと」にあったのです。兄太郎が軍事で国を守る仕事をしているのに対して、自分は産業で国を富ますのだという思いがここから読み取れます。

なお、当時のドイツ公使もやはり長州藩出身の青木周蔵。青木は後の外務大臣で、太郎や二郎とは同じ藩校明倫館の先輩後輩の仲でした。このため、青木にドイツ葡萄栽培葡萄酒醸造学校への留学の便宜を図ってもらったのでしょう。青木周蔵は、日本初のビール醸造技師として知られている中川清兵衛《せいべえ》のドイツ留学にも協力していて、中川は、青木の紹介によりベルリンビール醸造会社で明治6年（1873）3月から2年2か月間修業して修業証書を獲得。明治8年（1875）に日本に帰国し、明治9年（1876）9月23日の開拓使の札幌麦酒醸造所の開設に携わりました。

太郎と二郎は、明治11年（1878）5月14日大久保利通が紀尾井町で暗殺されたことを、ベルリンで知りました。太郎はロンドンの井上馨とともに急遽帰朝します。明確な記録は見つかりませんが、この時二郎も一緒に帰ってきたと考えられます。太郎は明治11年（1878）５月31日にドイツを立ち、７月14日に横浜港に帰着しています。

山梨県立勧業試験場から内務省へ

二郎は祝村の高野積成と懇意であり、上野晴朗著『山梨のワイン発達史』（勝沼町役場、1977）では、積成の明治33年（1900）５月の備忘録には次のような内容の記録が残されています。

「桂先生にご面会を得て次のとおり尋ねた。日本人の多くが関心を持たずに原野や傾斜地、砂れき地等が開拓されないのは、葡萄栽培とワイン醸造法を知らないことによるのでしょうか。先生は“そのとおり”と答えた。日本は昔から水田を尊び次に畑である。これは米麦を貴重品としているためだ。そのため、学校の卒業生が考えていることは米麦であって果物の思想者は少ない。私は明治初年ドイツに渡航し、青木公使の御世話でドイツ国に戦後始めて建設された葡萄栽培葡萄酒醸造学校に入学して卒業の後日本に帰ってきたが、葡萄は甲州でしかつくられておらず、そのため直に山梨県へ来た」

二郎は帰国後、明治12年（1879）から山梨県の勧業試験場で葡萄栽培を担当していますが、大藤松五郎の上司として葡萄酒醸造所でもワイン醸造の教育に当たったと考えられています。この桂二郎のドイツ留学ですが、留学経費の2034円は山梨県が貸し付けていたことがわかっています。条件は、卒業して帰国後に山梨県で働くこと、そしてその給与から毎月10円ずつ返済することでした。

藤村紫朗は、明治６年（1873）の権令着任早々「勧業授産の方法」を大蔵省に具申し、「葡萄をそのまま売るのではなく、加工し（ワインにして）外国人に売るとその利益は数倍となる。この製法も興隆すること

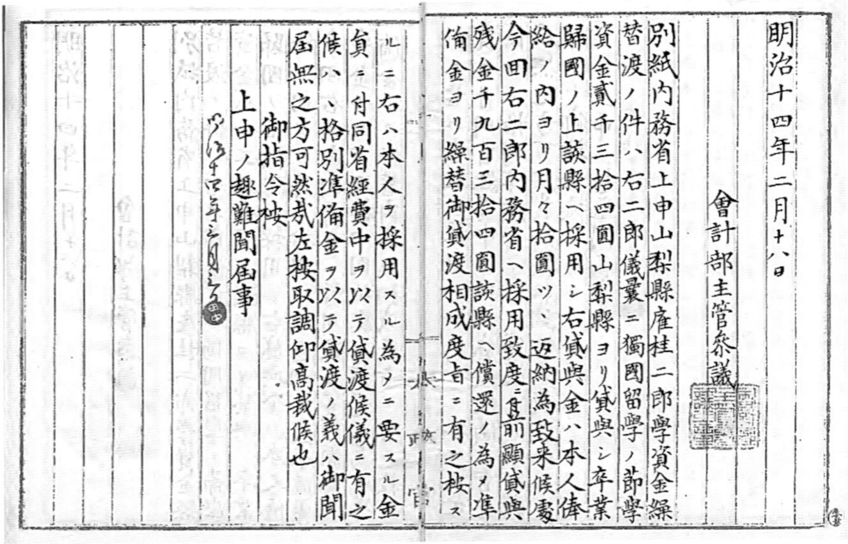
明治十四年二月十八日
會計部主管參議
別紙内務省上申山梨縣雇桂二郎學資金繰替渡ノ件ハ右二郎儀曩ニ獨國留學ノ節學資金貳千三拾四圓山梨縣ヨリ貸與シ卒業歸國ノ上該縣ヘ採用シ右貸與金ハ本人俸給ノ内ヨリ月々拾圓ツヽ返納為致来候處今回右二郎内務省ヘ採用致度ニ付前顯貸與残金千九百三拾四圓該縣ヘ償還ノ為メ準備金ヨリ繰替御貸渡相成度旨ニ有之枚ス
ルニ右ハ本人ヲ採用スル為メニ要スル金員ニ付同省經費中ヲ以テ貸渡候儀ニ有之候ハヽ格別準備金ヲ以テ貸渡ノ義ハ御聞届無之方可然哉左按取調仰高裁候也
御指令按
上申ノ趣難聞届事

明治14年２月の太政官資料（国立公文書館所蔵）。桂二郎のドイツ留学資金は大蔵省の準備金でなく、内務省の経費を充てる旨の指令案となっている

を目途とする」と述べています。この時から、藤村は県立葡萄酒醸造所の建設を見込んでいて、桂二郎に白羽の矢を立てたのでしょう。

さて、山梨県が二郎のドイツ留学を支援していたことは、内務省が明治14年（1881）３月に二郎を山梨県から引き抜いた時の資料で明らかになりました。二郎のドイツ留学資金を、内務省が山梨県から引き継いだうえで引き抜こうとしている内務省などの資料です。

内務省は月給80円で二郎を採用して、留学資金の返済に20円を充てることにしていました。同年４月に農商務省が設置され、内務省勧農局の組織自体が移管されるなど紆余曲折はありましたが、結果的にこの留学資金は農商務省が引き継いで二郎を採用したのです。

このころ、内務省は、播州葡萄園の建設で栽培担当としての福羽逸人に加え、醸造担当としてヨーロッパ系品種の葡萄を醸造したことのある二郎を雇う必要があったのです。しかし、同年４月の農商務省の創設とともに、開拓使の札幌葡萄酒醸造所まで農商務省に引き継いだことから、明治16年（1883）には二郎はその活動の拠点を札幌へと移すことになるのでした。

当時の内務省には様々な府県から葡萄栽培とワイン醸造の指導の依頼が来ており、二郎の葡萄栽培とワイン醸造の技術は、山梨はもとより兵庫、愛知、北海道、青森など全国各地に広まっていったのでした。

内務省は二郎の移籍上申書に、「桂二郎は葡萄栽培並びに葡萄酒醸造法を、先に独国にて修業熟練し者」と記載しており、本省に必要な人物として山梨県の留学貸付金を負担してまで採用したかったのです。なお、祝村の二人の青年は、フランスにおいて桂二郎と面会しており、その経歴を知った土屋龍憲の手帳には二郎を農学者として記録しています。

このように、山梨県立葡萄酒醸造所は、葡萄栽培とワイン醸造の実践と理論を持った大藤、桂の二人の海外経験者によって運営されていた当時国内で最新技術を持つ醸造所及び研修施設だったといえるのです。

盛田葡萄園、藤田葡萄園の指導

明治14年（1881）4月、桂二郎は新設された農商務省に移り、西洋種葡萄の栽培のために各県からの指導要請に応えていきます。なかでも愛知県知多半島の盛田葡萄園は、二郎の考え方に大いに共感していました。明治14年の春、前年に貸し下げられた山林20ha余りの開墾が終わり葡萄の苗を植えようとしていましたが、ここに葡萄栽培地取調吏員となったばかりの二郎が出張してきたのです。二郎が提案した葡萄を直接ヨーロッパから輸入することは、フィロキセラの影響を考慮してできませんでしたが、三田育種場などからこれらの種類の葡萄を調達して7ha余りに植樹したといいます。

二郎が、葡萄園開発で最も重要視したのは、そこに植える葡萄の品種でした。この盛田葡萄園でもアメリカ系品種ではなくピノ・ノアールやリースリングといったヨーロッパ系の葡萄品種でなければだめだと言っています。それから２年が過ぎ、明治16年（1883）４月にはフランス農務省のドクロン技師とともに二郎は再び盛田葡萄園を訪れます。ドクロンは、当時蔓延していたフィロキセラに耐性のある葡萄品種を見つけようと日本を訪れていたといわれています。この時、ドクロンは盛田葡萄園の整備のすばらしさと二郎の知識に感銘を受け「多才なる桂君」として報告書で紹介しています。

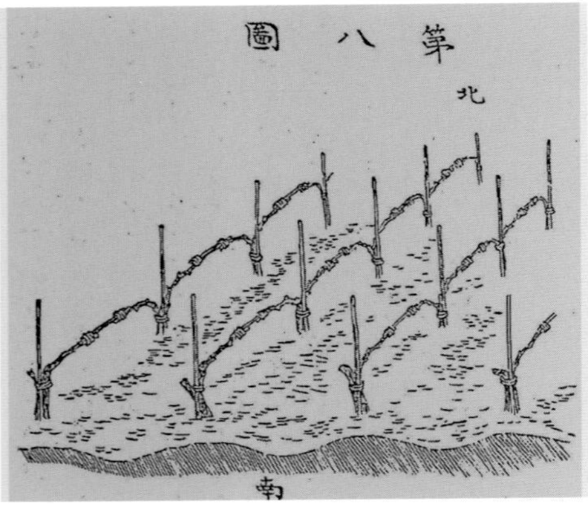

桂二郎の『葡萄栽培新書』（国立国会図書館所蔵）には、ドイツに留学した時のライン河周辺の葡萄栽培を図示

このころ二郎は日本のワイン用葡萄栽培の第一人者として、既に『葡萄栽培新書』を書き上げていました。この本については、浅井昭吾氏は「技術的興味において今日なお読むに耐える内容である」と大きな評価をしています。なお、この盛田葡萄園がいよいよワイナリーを建設しようとした明治18年（1885）４月、醸造所建築の指導者として、山梨県の大藤松五郎が招かれています。秋の仕込みに間に合わせるための建築作業でしたが、６月７日には盛田葡萄園でもフィロキセラが見つかってしまい、大規模農園とワイナリー計画は次第に頓挫していったのでした。

また、二郎は農商務省（現在の農林水産省）初代農務局長の田中芳男の推薦で、明治15年（1882）12月から明治16年（1883）１月にかけて青森県弘前にある藤田葡萄園の指導にも行っています。藤田葡萄園を経営する父の藤田半左衛門と子の久次郎は明治８年（1875）からワイン造りを行っていました。当初は弘前で宣教師をしていたフランス人のアーサー・アリヴェに指導してもらい、この地域で栽培されていた山葡萄や白葡萄でワインを醸造しましたが、葡萄の糖度が少なく十分なアルコールを醸造できなかったといいます。昭和62年（1987）に発刊された藤田本太郎著『弘前・藤田葡萄園』（北方新社）によると、この白葡萄は江戸時代に山梨から東北各地に流出した甲州葡萄の糖度が低い未熟果とのことです。

この時二郎は、寒地に適する葡萄として早熟系のヨーロッパ品種のピノ・ノアール、ガメイの赤葡萄、シャスラー、リースリングの白葡萄を推薦しています。藤田葡萄園は明治16年（1883）に第1号園を開き三田育種場などから葡萄を仕入れ、そして、藤田久次郎とその弟音三郎は、札幌葡萄酒醸造所に勤務となった二郎のところに何度も研修に行ってワイン醸造技術の習得を目指したのでした。

その後、藤田葡萄園を含む青森の葡萄畑は拡大していきますが、やはり当時流行したフィロキセラによって全滅していき、葡萄の代わりにリンゴが植えられていくのでした。しかし、藤田葡萄園だけはフィロキセラが発生するたびに葡萄を引き抜くなどの熱心な管理を行い、大正に入ると100石（1万8000ℓ）から150石（2万7000ℓ）のワインを醸造したという記録が残っています。

桂二郎、北海道へ

二郎は、播州葡萄園へと配属になった後、明治16年（1883）には北海道事業管理局勤務となって札幌葡萄酒醸造所を管理するようになります。二郎はここでもアメリカ系品種の葡萄ではなくヨーロッパ系品種の葡萄に改植しないといいワインが造れないと主張していますが、大規模に植え替えをした記録は見当たりません。

明治9年（1876）9月、野生葡萄を原料としてワイン2石を試醸したところから、札幌の開拓使葡萄酒醸造所の歴史は始まりました。翌年には札幌官園のアメリカ系品種の葡萄によって試醸をしたところ結果が良かったため、明治12年（1879）には、営業資金770円、家屋・機械に2875円を投資して本格的に営業を開始しています。さらに、翌年は291円でブランデー蒸溜所1棟を整備するとともに、営業資金を1976円に増額しています。しかし、明治14年（1881）から明治15年（1882）にかけて、東京の第一官園、第二官園、第三官園も廃止されるなかで開拓使庁そのものが廃止され、札幌葡萄酒醸造所は農商務省に移管されていきました。

その後、札幌葡萄酒醸造所は明治19年（1886）に北海道庁の管轄となり、同年９月には経営が二郎に委託されることになりました。委託費は１年間１万7000円で、３年７か月を委託期限としていましたが、明治20年（1887）12月には、醸造場の土地・建物・器具・機械・葡萄園を、1800余円で二郎に払い下げられたのでした。

二郎はこれを花菱葡萄酒醸造所と改名しワインを生産販売しますが、明治24年（1891）12月には谷七太郎にこれを譲渡して札幌葡萄酒醸造所が誕生しました。この醸造所を核に、明治40年（1907）５月には札幌葡萄酒合資会社が資本金５万円で設立されます。この会社は、明治42年（1909）には150石のワインを醸造していますが、大正２年（1913）に120石の醸造を最後に廃業となったといわれています。

なお、山梨県立勧業試験場においても、甲府市富士川町にあった甲府代官陣屋跡1.64haの国有地の利用許可を受けて、フランスから14、15種類のヨーロッパ系品種の葡萄苗を移植した記録が残っています。しかし、二郎が引き抜かれてから葡萄管理ができなかったためか、ヨーロッパ系品種の葡萄栽培は山梨県立勧業試験場では成功しなかったようです。

その後、二郎はビール業界などの実業界に入り、ヱビスビールを造った日本麦酒醸造会社（サッポロビール目黒工場）を設立後、兄太郎の政治力もあって合併した大日本麦酒会社の社長などを務めています。この大日本麦酒会社は、明治39年（1906）に、大阪麦酒（アサヒビールの前身）、日本麦酒（ヱビスビールを製造）、札幌麦酒（サッポロビールの前身）の大手３社が合併してできた会社で、市場占有率７割といわれるモンスター企業でした。

アトキンソンと西川麻五郎の醸造化学、醸造技術普及

ロバート・ウィリアム・アトキンソン　*1850～1929*
西川麻五郎　*生没年不詳*

岩倉使節団によるフランスワイン産業の見聞

明治政府、もっと言えば大久保利通は本気でワインを輸出産業にしたいと考えていました。これは、岩倉具視使節団として訪れたフランスでワイン産業を見たためでした。明治6年（1873）9月、欧米12か国を訪問した岩倉具視率いる岩倉使節団が1年9か月の世界行脚から帰国します。この旅の記録は、久米邦武編『特命全権大使米欧回覧実記』（博聞社）全100巻として、明治11年（1878）10月に発刊されていて、フランスのワイン産業についても若干の記述があります。

「九、十月のころ実が熟したるとき圃中に製酒仮場を設け、多人を雇ってはさみで摘み取る。仏国にてワンダンジユ（Vendange：葡萄収穫）という（我が国の茶摘みに比べ、祭のように振る舞う）。これを籠で仮場に運び、桶に入れて赤脚《はだし》にて踏み潰し、その液をとり、第一の酒を醸し、次に器械において搾取して第二の酒を醸す（下等の酒なり）。おおよそ実百斤につき、七十五から八十二斤の液体を得るものである。一町歩（1 ha）の収穫で酒は九樽（250 ℓ 入

りの樽を9樽）を得る。ボルドー府において、並酒で一樽の中値は百フラン、上酒では千五百から二千フランにも上る。通常一町歩に付き、純益金は五百フランに及ぶ。平地に麦を耕作するより利益ははなはだしく多い。（中略）果液を桶に入れて放置すれば発酵し、二、三週間で澄んだ液に鎮静する、即ち第一醸なり、故に葡萄酒の醸造はその発明容易にて西洋において古き世より行われている（後略）」

ロバート・ウィリアム・アトキンソン

ロバート・ウィリアム・アトキンソン

大久保らは岩倉使節団で諸外国を視察している時に、さまざまな分野の西洋科学の導入を目的に外国人科学者の招聘を行っています。そのようななかで明治7年（1874）9月には、イギリス人の化学者ロバート・ウィリアム・アトキンソンが来日します。そして明治11年（1878）9月まで、東京大学の前身である東京開成学校で教鞭を振るうのでした。また、アトキンソンは明治12年（1879）2月～14年（1881）7月にも、東京大学理学部の教授として招かれています。

来日前、アトキンソンはロンドン大学で、アレキサンダー・ウィリアムソン教授の助手を務めていました。ウィリアムソン教授は、井上馨や伊藤博文と交流があったため、アトキンソンが日本に派遣されたのだと考えられます。

来日すると、発酵や醸造などの指導に加え、彼は日本酒に興味を持ちパスツールが開発した低温殺菌法の300年以上前に日本酒が火入れをしていたことなどを、イギリスの科学雑誌で発表しています。また、ビールの発酵と比べながら日本酒の醸造過程を分析研究しています。そして、明治14年（1881）には「日本酒醸造の化学」を英語で発表し、翌年には日本語訳『日本醸酒編』（東京大学）が発行されているのです。

この論文では、麹が生み出す酵素であるジアスターゼがデンプンの糖化現象をもたらすこと、酵母によってアルコール発酵が起こること、さらには日本酒の火入れの原理についても言及しています。このため、アトキンソンは日本酒醸造化学の祖といわれているのです。この研究をきっかけに、彼の教え子などによって酒類の化学的なアプローチが始まり、これが国の醸造試験場設立に向けた礎の一つとなったのです。

同時期、東京医学校に招かれたドイツ人のオスカー・コルシェルトは、日本酒においては麹菌の菌糸がちぎれて酵母になるという説を主張していました。しかし、後の明治28年（1895）、酒の酵母は麹ではないとの事実が帝国大学教授の古在由直（後の東京大学総長）や矢部規矩治等よって証明されました。矢部の功績を称え、この酵母はサッカロマイセス・サケ・ヤベと名付けられました。矢部は後に設立される国立醸造試験場の立役者でもあります。

山梨県立葡萄酒醸造所が開設して間もない明治10年（1877）の夏、アトキンソンはこの甲府の醸造所を訪れ大藤松五郎が案内をしています。そこでは前年に詫間憲久と一緒に醸造したワインをアトキンソンに紹介しています。この記録は、ウィリアム・グレイ・ティクスンが記録した「朝の国　日本滞在４年の日本及び日本国民に関する報告」の第12章「東都から西京へ」に次のように記述されています。

「７月14日、（中略）甲府の北側には境界のすぐ外側に甲府城、というよりはむしろ城跡があり、お濠と石の構築は美しい廃墟に近い状態である。お城からは町のパノラマが広々と広まり、前景には生糸工場の長い白い建物、さらに遠く西方には、師範学校、ノーマルスクールの円形の塔がそびえている。（中略）城の建物は崩壊の状況にあるけれども、敷地は荒廃のまま放置されていない。われわれは町の有力者に紹介される光栄によくした。彼等は親切にも色々と手をつくして、土地の名所をあちこち見せてくれた。その一人は、Mr. Otto（大藤松五郎）で、カリフォルニアで果樹栽培とワイン醸造の研究に８年すごした。氏は壕の内側の広い場所を用いてアメリカから輸入した種々の果物を栽培した。りんご、梨、セイヨウスモモ、桃、グーズベリー、葡萄等、その他野菜も栽培していた。その他に氏は一つの建物を用いブランディ、薄いワイン、濃いワインの醸造にあて、付近の牧草地には数匹の牛もいた」

英語が話せる大藤でしたので、このワインについてアトキンソンとの意見交換が十分にできたに違いありません。

アトキンソン教授の教え子でもある文部省の工学博士高松豊吉は、明治16年（1883）に山梨県立葡萄酒醸造所を訪れ大藤松五郎のワインを評価しています。成分分析の結果は西洋のワインとほぼ同じだが、香りや味はやや劣っているとして、これは葡萄の性質によるのが大きいとの評価でした。高松は東京大学卒業後、高等有機化学を学ぶために明治12年（1879）から15年（1882）までイギリス、ドイツに留学しています。帰国後、文部省御用掛を仰せつかり、東京大学の講師として染料化学を担当していました。やはり、ヨーロッパ系品種の葡萄でワインを造らないと良いものにはならないとのことでした。

ちなみに、アトキンソンは染料の研究もしていて、日本には藍染めの服が多いことを「ジャパンブルー」と呼んだと伝えられています。

西川麻五郎

富国政策のもと西洋の科学技術や農業技術などを導入するため、明治初期から多くの「雇われ外国人」が来日しています。醸造化学の分野では、これまで述べたようにロバート・ウィリアム・アトキンソンがその代表格であり、彼らの教え子が醸造化学を身につけていって、東京大学や東京工業大学での教育や、明治37年（1904）の大蔵省醸造試験場の設立へとつながっていきました。

ただ、醸造化学が直線的に注目された訳ではありませんでした。当時の日本酒においては発酵後の貯蔵、保存管理が最大の課題であったために防腐剤などの薬剤が注目されて、当初はもっぱら薬学の化学者が酒造りの現場へと入っていったのでした。醸造はこれまでの経験や技術で行い、保存を薬で行うという役割分担でした。しかし、防腐剤、添加物の規制が厳しくなるにともなって、醸造工程全般での品質管理が酒の保存に影響するとの考え方が広がり、次第に醸造化学が注目されていったのです。

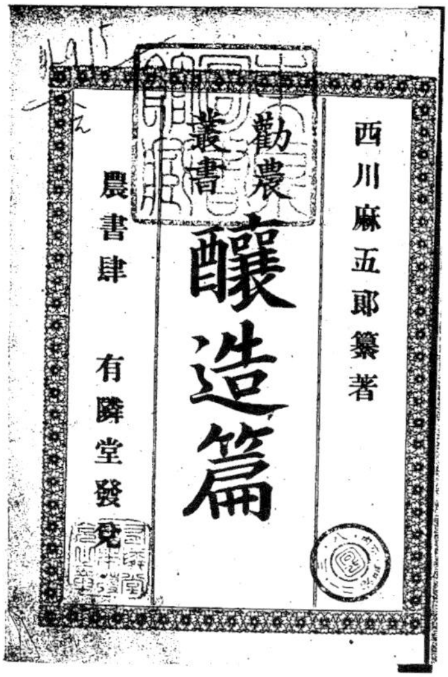

西川麻五郎の『勧農叢書 醸造篇』(国立国会図書館所蔵)

また、この時代全国各地の工業学校の教諭を養成するため、明治15年（1882）に創設された東京職工学校（後の東京工業大学）には、ロバート・ウィリアム・アトキンソンの教え子である東京大学理学部の高松豊吉が兼職の教諭を務めていました。その東京職工学校の初代卒業生に広島県士族の西川麻五郎がいます。西川は明治15年に東京職工学校に入学し、明治19年（1886）に卒業後、明治21年（1888）には千葉県尋常師範、23年（1890）には千葉尋常中学に勤務しています。さらに26年（1893）には農商務省採用となって、30年（1897）には大蔵省の横浜税関の鑑定官、明治41年（1908）からは朝鮮総督府の税務鑑定官となっています。

西川は、東京職工学校卒業後から千葉県尋常師範に採用されるまでの間、『酒精篇』『麦酒醸造法』（勧農叢書、有隣堂）『化学工芸品製造法』『醸造篇』（勧農叢書、有隣堂）など様々な醸造化学の書籍を発行しています。

このうち、『酒精篇』については「炭素２微分子、水素６微分子、酸素１微分子」つまりC_2H_5OHなど、アルコールやアルコール発酵の仕組みの解明や、乾燥酵母・新鮮酵母などの説明が記載されるなど、西川のこの『酒精篇』において日本で初めて「酵母」という言葉が使われたのです。西川のこれら書物の知識は、明治15年（1882）から19年までに東京職工学校において得たものであり、明治10年（1877）代は、このような醸造化学が次第に広まっていった時期といえるのです。

醸造化学と醸造技術の実際

ここでは、当時の醸造化学のレベルを明らかにするため、明治21年（1888）に西川が発行した『醸造篇』についていくつか例示をします。

まず、冒頭に本書は著名なパスツール博士など各国の醸造論と西川の実験結果をまとめたものと説明しています。この本は東京や大阪のみならず、京都や名古屋、さらには飯田や松本、そして甲府市中央四丁目に現存する徴古堂など、全国25府県30店の書店において定価30銭で販売されていました。明治20年（1887）代にはワインの醸造場が全国各地に創業していますが、この書籍を参考にした醸造家は多いと思われます。

全91頁からなるこの本の構成は、「総論」と「炭水化物上の化学作用」「アルコール発酵論」の三つの柱立てとなっていて、「アルコール発酵論」の項目のなかには「ヨーロッパの発酵論争」「酵母の種類」「葡萄酒醸造法」「葡萄酒の病気（欠陥）を治す法」などが記載されています。

アルコール発酵論

「アルコール発酵論」の項目では、まず「馬鈴薯、大麦あるいは芽麦浸出液より得たるものに関わらず、すべてデンプンを糖化させた液は、糖液あるいは葡萄液汁と相等の結果を呈するものなり」として、糖化された液は葡萄液汁と同様にアルコール発酵を行うことができると説明しています。

酵母については、葡萄は搾ったままの状態で自然に発酵することに加え、「アルコールを製造する目的において、糖液を発酵させる酵母（イースト）を少量加える」ことにも言及しています。これは、「発酵を速やかになすのみならず、規則正しい発酵を得るもの」として、酵母の添加を勧めています。

発酵については、1680年のオランダのレーエンフックによる酵母の発見や1789年のフランスのラヴォアジェによるアルコール発酵の定量分析など、世界の発酵論争200年間の歴史についても記載。そして、発酵は醸造家において最も重要なことで、操作を注意しないと発酵液が腐敗して大きな損害を被るとして、次の項目を挙げて詳細に説明しています。

「第一、発酵液」では、「酵母は下等有性植物にして成長の際、常に鉱物質及び有機質の食料を供給しないといけない」として、酵母が組織されている物質を分析して示しています。その結果、「窒素はイーストの養成にははなはだ緊要な元素にして、いやしくも酵母の生長をはからんと欲せば、常に窒素含有物を供給しないといけない」とし、「発酵液に窒素含有物に欠乏した時は、豆類を蒸煮しこれの液汁を発酵液に添加すること。豆類は“アスパラヂン”という窒素物質がはなはだ富んでいるものなので、イーストの食料においてははなはだ善良なる滋養物である」としています。

「第二、健全なる酵母」ですが、「酵母は純粋にしてかつ健全なることははなはだ緊要なり。今ここに各種のイースト及び酵母を純粋に培養する方法を記載する」として、次の酵母について記述し説明しています。

第一サカロマイシス・セレビシヤ、第二サカロマイシス・エリブソイダス、第三サカロマイシス・コングロメラタス、第四サカロマイシス・エキシヂナス、第五サカロマイシス・パストリアナス、第六サカロマイシス・ミノーア、第七サカロマイシス・マイコデルマ。

さらに、「イーストがすべて朽ちた時はバクテリアという最も細微なる具生体が発生して、アルコール発酵の際にアルコールを酢酸に変化させることがある」と述べ、酵母の増殖が順調に行われないと他の細菌による汚染が進むので注意を促し、そのためパスツールの考案したイーストの純粋培養方法やサリチル酸の使用による培養法を紹介しています。

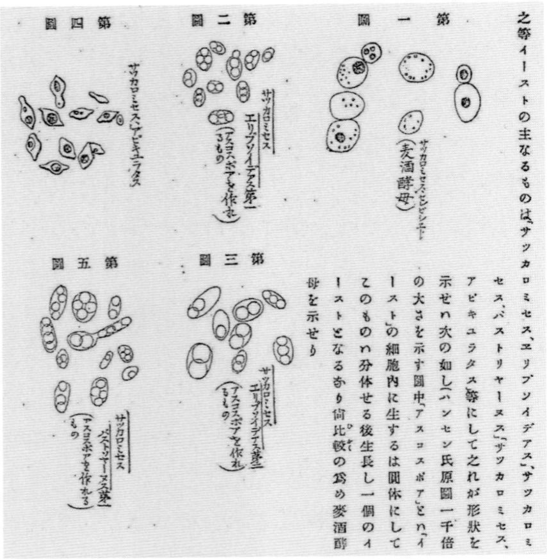

酵母の図。大日本実業学会第一期農科講義・農産製造（国立国会図書館所蔵）

「第三の適当な温度」では、摂氏20度が発酵には適当としていますが、発酵に従って温度は上昇し、5日目には31度に達すると説明しています。そして、比重についても言及しています。葡萄液の比重は1.05であるが、これが温度の上昇とともにアルコール発酵が進み、比重が1.001になっていくことが例示され、水の比重は1.0で、アルコール（エタノール）の比重は0.79であることから、アルコールが増えることで比重が軽くなることが示されています。

「第四の発酵桶を清浄にすること」では、醸造上重要なこととして、バクテリアによる腐敗を防ぐ基本的な手段をいくつか指摘しています。発酵桶は金属製が良いとし、もし金属でつくれなければ枡材でつくり空気の侵入を防御するために、パラフィンなどで塗装することが必要であるとしています。

葡萄酒醸造法

「葡萄酒醸造法」では、まず葡萄の熟成とその成分分析結果が示されています。7月27日に糖分0.6、遊離酸2.7だった葡萄が、順次糖が増して酸が低下していく様子が時系列で示され、10月12日には糖分18.6、遊離酸0.9、そして10月21日には糖分17.9、遊離酸0.9と糖分が落ちるデータが示されています。

この葡萄をつぶして葡萄液を採取する方法としては、「葡萄を大きな桶に入れ、その桶の側面に開いた孔から液汁を出す」と説明しています。最初に圧搾しないで自分の重さで自然につぶれて液汁が出るが、これは「上等葡萄酒」を醸造するのに用い、力を加えて搾り出した液汁を「中等葡萄酒」の醸造に供すとしています。また、最後に少量の水を加え圧搾して得たものを「下等葡萄酒」の醸造に供用するとしています。

搾る器ですが、近年は螺旋の装置あるいは遠心力の作用で搾る方法があると述べていて、液汁は葡萄100に対して60から70％を得るとしています。

そして、熟した葡萄には糖分はもちろん、他にリンゴ酸、クエン酸、酒石酸、重酒石酸、石灰及び少量の有機塩類が含有されるとしており、酒石酸の製造方法についても言及しています。また、タンニンのことにも言及しており、「茎は多くのタンニン質を含有するを以て、これを取り除くこと甚だ緊要なり」とし、酒の清澄において膠《にかわ》や蛋白質を利用するのはタンニン質と結合するからだと述べています。

「葡萄の液汁を発酵させる法」では、次のような発酵の手順が示され、その結果、西川が実験で出した葡萄酒の平均的なアルコール度数は７から８度であったとしています。

「葡萄液汁を、摂氏10度から20度の温度の空気中で発酵する時は、漸次発泡して液温が上昇する。これは空気中に遊在するイーストが自ら養育して液中に入って成長し、漸次糖分をアルコール及び炭酸ガスに分解しているからである。酵母は摂氏５度においても発酵する力を持っているが、あまり低温度過ぎる時は発酵の力を失う。また、硫黄化合物、例えば亜硫酸や芥子《からし》油などのものを混合すると発酵力を停止する。

液汁が発酵して最も盛んな時は７日目である。但し、急速に発酵させようとする時には少量の酵母を添加するべきである。その後、発酵の勢いは次第に減少して大概10日から14日で発酵が止まる。発酵の際には液中の酵母や汚物は遊在するが、発酵が止まると沈澱して上層の液がきれいになる。この液が葡萄酒なので別の桶に貯蔵する。

葡萄酒を入れる桶はすべて精密に検査して、含窒物が付着しているのを除去しなければならない。このため、予め蒸気を流すか亜硫酸ガスを通過させて、その後熱湯で十数回洗浄してから貯蔵することが必要である。

葡萄液汁が一旦発酵し終われば、直ちに温度を低くし空気と接しないようにしなければならない。これは、第二発酵、即ち酢酸発酵を起こす恐れがあるからである。依って速やかに桶に入れ、最初1日から2日はその桶を密閉しないで置き、3日目になって初めてふたをして密閉すべきである。しかし、12月ころに桶に貯蔵した葡萄酒は、翌年の2月から3月ころに酢酸発酵を起こすことが度々あるので注意が必要。

多量のアルコールを含有する葡萄酒は永く貯蔵でき、酸化する恐れもないが、少量のアルコールしか含有しないものは、酸化して酢酸に変化することがある。故にこれらは可及的速やかにガラスビン内に充満させて空気に接触しないように注意しなければならない」

また、酸については「葡萄酒中に含有する主なる有機酸は炭酸、コハク酸、リンゴ酸、酢酸、酒石酸等にして、これらの酸類の一部分は遊離し一部分は抱合して存在す」と説明しています。そして灰には、重酒石酸、ソーダ、マグネシウム、カルシウム、硫酸、リン酸等が含まれると示しています。

葡萄酒の病気（欠陥）を治す法

「葡萄酒の病気を治す法」では、葡萄酒に酸味が生じるのはアルコールが酸化して酢酸に変化したものであって、最も普通の病気だとしています。この原因は、葡萄酒中のアルコールの量が少ないこと、貯蔵するところの室温が高いこと、これらに加え、空気との接触度合による酸化としていて、多量に酢酸へ変化した場合は、もはやこれを防御することができないので酢をつくるべきとしています。

少量の場合は、酒のなかに亜硫酸ガスを通過させて酢酸発酵を停止させるか、少量の酒石酸を加えて酢酸を「アセチック、イーサル」に変化させることとしています。また、一度使用した桶に葡萄酒を入れると桶の臭気が生じることがあり、これを治すには、桶に葡萄酒を入れる前に亜硫酸ガスを通し、その後熱湯で十数度洗浄することが必要であるとしています。

ここでは再発酵防止や樽の消毒、雑菌繁殖防止などのワイン保存法に、硫黄を使用しているのです。これは現代においても認められている亜硫酸塩、二酸化硫黄SO_2の利用と同じといえます。この硫黄の利用は、ヨーロッパにおいて古くから伝承されてきた、発酵樽、貯蔵樽のなかで藁《わら》などを燃やすことで、雑菌の繁殖を抑えて再発酵を防止してきた手法を化学的に解明したものでした。

この本の最後には、日本酒やビールなどの成分分析表を掲載しています。このなかには、ロバート・ウィリアム・アトキンソンが分析した酒や味醂の分析結果も記載されており、西川の知識は、これらの化学者から引き継がれたことを物語っているのです。

明治6年（1873）にウィーン万博からドイツのワイン醸造技術が日本に伝わってから、このようにお雇い外国人化学者の指導により西川などが研究を重ね、明治15年（1882）から20年にはここまでの醸造化学が日本に存在したのです。

藤村紫朗と前田正名の

勧業政策、物産振興

藤村紫朗　*1845 ～ 1909*
前田正名　*1850 ～ 1921*

藤村紫朗

藤村紫朗

藤村紫朗《しろう》は、弘化２年（1845）、肥後熊本藩の藩士黒瀬市左衛門の次男として生まれます。文久２年（1862）17歳の時同藩の長岡護美につれられて京に上り、岩倉具視の邸に出入りして尊王攘夷運動に加わりました。そして、長州藩が京都から追い出された文久３年（1863）８月18日の政変の後に脱藩して藤村姓を名乗っています。

翌年の禁門の変では長州藩に加わり、敗戦後は長州藩の同志とともに山陰道を長州方面に逃れました。

その後、藤村は新政府の樹立とともに、軍務官、兵部省に勤務した後、明治３年（1870）１月には京都府少参事、明治４年（1871）11月には大阪府参事となります。そして、明治６年（1873）１月24日に山梨権令（県令心得）に任命され、１月30日に甲府に着任します。この時、山籠で従者一人を伴い、出迎えの役人をはぐらかし甲府に到着したと伝えられています。

この時の従者が佐竹作太郎で、後の国立第十銀行設立の立役者になります。佐竹の随行は、勤皇の士である藤村が京都で負傷した時に佐竹家にかくまわれていたのが縁だったといいます。前任の初代山梨県令の土肥謙蔵は、明治5年（1872）に起こった農民一揆の大小切騒動の責任を取らされ免官となり、同日付で藤村が権令に任命されたのです。藤村28歳の時のことでした。

藤村がまず行ったのが道路と学校の整備です。藤村は道路県令ともいわれており、甲州街道、駿州往還などの幹線道路を馬車が通行できるように改修を行いました。その手法の特徴は、道路も教育も産業振興のためであるという位置付けから、受益者たる民間の資金を集めて行っている点にあります。財政が厳しい山梨県において、早くから民間資金を活用して公の仕事を進めていたのでした。

このため、側近の栗原信近や佐竹作太郎らに命じ「公益社」を創設して、全国でも9番目となる銀行を早々に設立させているのです。明治9年（1876）12月14日の「甲府日日新聞」には、「このたび公益社においては、同社積立金の千五百円を青梅街道切開《きりひらき》入費の内へ献納したようだ」という記事があるくらいです。

また、明治政府は明治5年（1872）に統一的な「学制」を施行しましたが、山梨県では3校が仮設されただけだったため、藤村は明治6年（1873）3月に小学校整備のため「学制解訳」を頒布し教育の重要性を訴えました。しかし、資金難ということもあり、藤村は民間の寄付を集めて小学校建設の資金の拠出を促すこととしたのです。そして、同年には2157円10銭の寄付金を集めています。

「勧業授産の方法」を具申

さらに藤村は、着任早々の3月には「勧業授産の方法」を大蔵省に具申しています。ここでは「葡萄をそのまま売るのではなく、加工し（ワインにして）外国人に売るとその利益は数倍となる。この製法も興隆することを目途とする」と述べています。

この「勧業授産の方法」に基づいて、まずシルクでしっかりと稼ぐために、藤村は明治６年（1873）８月から県立勧業製糸場の建設を始めます。そして１年後の明治７年（1874）10月16日に、器械式製糸場が甲府市錦町18番地（現在の古名屋ホテル周辺）に開業したのです。開業にあたり県をあげての大きな記念式典が開催されますが、藤村には「次はワインだ」という強い思いがあったことは想像に難くありません。その５日後の10月21日、藤村は知事見習の権令から山梨県知事である県令に任命されたのでした。

どうしたらワインを造ることができるのか。藤村は当然勧業推進をしている内務省勧業寮に問い合わせたでしょう。その時、内務省では田中芳男がウィーン万博からドイツの葡萄栽培、ワイン醸造の技術を持ち帰っていました。また、津田仙も同様で、こちらは葡萄苗の販売会社も立ち上げようとしていました。藤村は彼らに相談します。そしてまず人材確保ということで、明治８年６月にドイツワイン留学に行く桂二郎の留学資金を提供したのだと考えられます。

当初、藤村は二郎が帰国する明治11年（1878）に合わせ、県立葡萄酒醸造所を開設する予定だったに違いありません。甲府でビールの醸造を始めていた野口正章は、「藤村県令に葡萄酒醸造を申し出たが、葡萄酒は県の勧業課で醸造する計画があるので、麦酒醸造をすることになった」という記録を残していて、このことを裏付けています。しかし、山田宥教と詫間憲久のワイン造りが明治７年（1874）には一定の成果をあげてしまいます。明治８年（1875）１月には一般に売り出され、海陸軍省への売り込みも始まったのです。また、明治９年（1876）２月、大久保利通によって第一回内国勧業博覧会の翌年開催が発表されてしまいます。

そこで、藤村は栗原信近に命じて津田仙を招聘し、山田と詫間のもとに派遣したのです。明治９年（1876）６月の出来事でした。この時内務省の内藤新宿試験場に席を置く大藤松五郎も同席して、大藤は同年９月から甲府市八日町の詫間の酒造会社のワイン造りに参加したのです。そして、藤村は大藤のワイン醸造の技術と内務省の勧業資金を活用して、二郎の帰国を待つことなく県立葡萄酒醸造所を開設する決断をしたのでしょう。

山梨県立葡萄酒醸造所の開設と技術普及

県立葡萄酒醸造所の建物群（27、及び92ページの写真参照）を整備するには1年くらいはかかるのではないでしょうか。ということは、明治9年（1876）の6月に津田と大藤が甲府に来た時には、藤村は大藤に対して、詫間のワイン醸造設備の手当てだけではなく、醸造所建設の指示を出していたと考えざるをえません。そして、明治10年（1877）7月、詫間のワインとその醸造設備を吸収して県立葡萄酒醸造所はオープンし、詫間のワインの搾り粕を利用したブランデーを県立葡萄酒醸造所の名前で、8月の勧業博覧会に出品したのです。

そして、同時にこの県立葡萄酒醸造所の技術を民間に広めるため、明治10年（1877）3月に内務省の城山静一を引き抜いて、核となる民間醸造所の設立に当たらせたのです。山梨学院大学の保坂忠信氏によると、城山は愛媛県出身で、東京に出てきた時、後の総理大臣高橋是清と一緒に薩摩藩の第一次英国留学生であった森有礼に英語を教わり、外務省の通訳官だった経歴の持ち主とのことです。明治10年（1877）3月、城山25歳の時に藤村県政の勧業政策推進のために山梨県庁に招聘されたのでした。

山田と詫間への支援については、内務省からの1000円の貸し付けが有名ですが、ワイン醸造技術、とりわけ「甘口ワインの保存技術」「薬用ワイン造りの技術」を持っていた大藤松五郎を藤村が招聘したことこそ、その後の日本ワイン発展に最も重要なポイントの一つであったと考えられます。なぜなら、ワイン文化が広まるステップとして、食事とともに楽しむテーブルワインの普及の前には、まず甘味葡萄酒を含めた甘口ワインの浸透が不可欠だったからです。

これはアメリカにおいても同様でした。この大藤の技術が、第一回内国勧業博覧会や明治15年（1882）の「大日本農会報告」で紹介され、これが神谷傳兵衛、宮崎光太郎などの甘味葡萄酒につながり、後の赤玉ポートワインにつながっていったといえるのです。

このようななかで国では明治10年（1877）春に前田正名がフランスから帰国し、持ち帰った葡萄の苗などにより三田育種場を同年９月に開設します。前田は、パリ万博準備のため再度フランスに渡航することとなりますが、「葡萄は確保した。次は栽培・醸造技術だ」という思いで、勝沼の髙野正誠、土屋龍憲の二人の青年や、後に三田育種場で葡萄栽培を担当させることになる内山平八を同行させることにしたのでしょう。そして、勝沼の二人の青年の研修資金を集める受け皿として、同年８月、急遽祝村に民間葡萄酒会社を立ち上げることとなったのです。これも藤村の指示によるものでした。

勧業事業の終わりと愛媛県への転任

その後の藤村県政ですが、県事業に民間資金を導入する手法に対し県議会やマスコミから反発もありましたが、最終的に勧業政策を止めたのは明治14年（1881）の松方正義大蔵大臣の登場でした。これによって勧業政策の転換が図られ国の資金が入らなくなり、様々な勧業事業が終わりを告げます。頼みの県立製糸場は明治17年（1884）１月に火災で焼失し翌年民間に払い下げられ、勧業試験場も明治16年（1883）に廃止、醸造所は18年（1885）に廃止されていったのでした。

そして、明治19年（1886）の地方官官制の発布により藤村は初代知事となりますが、明治20年（1887）３月、14年間務めた山梨県令・知事から愛媛県知事として転任するのでした。愛媛県においても、桑の苗50万本を山梨などから県費で購入して希望者に配布するなど養蚕を奨励して成果を出しつつありましたが、師範学校の設計にまつわる疑惑で明治21年２月29日に辞任し、故郷の熊本に戻り肥後農工銀行の頭取に就任しています。

その後、明治23年（1890）には貴族院勅選議員となって、肥後汽船社長、東肥製紙社長、第九銀行監査役などを歴任し、明治42年（1909）1月5日に亡くなっています。藤村が持つ男爵位は長男の藤村義朗（明治18年（1885）山梨県立徽典館《きてんかん》中学校卒業、三井物産取締役、貴族院議員、逓信大臣などを歴任）に引き継がれていきました。

前田正名

前田正名

前田一歩園財団によると、前田正名《まさな》は、嘉永3年（1850）、薩摩藩士の漢方医前田善安の末子6男として生まれます。9歳で蘭学者のところに住み込みで師事して学問的素養を身につけたといいます。そして、16歳の時に藩費で長崎に遊学し、語学塾に籍を置いて坂本竜馬などと交流を持ちました。慶応2年（1866）には、幕府は商用と学問の海外渡航を解禁しており、当時の前田の大きな関心事は洋行することで、渡航費用を得るため兄や仲間と和訳英辞書を発行し政府に買い上げてもらったといいます。

そして、明治元年（1868）12月、前田19歳の時に、外務省の前身である外国官の命によって、パリ万博のために雇ったフランス人のコント・モンブランの随行を命じられフランスに出張します。モンブランには、慶応3年（1867）のパリ万博で薩摩藩を独立国家として出展させた経歴がありました。

フランスへの出張、留学

パリに行った前田は、翌年3月から留学生として滞在しています。自叙伝によると、この留学は大久保利通と大隈重信の配慮によるとされていて、国立公文書館に保管されている前田の履歴書の派遣元は「七学校」と記載されています。この学校は、鹿児島藩（薩摩藩）が江戸時代後期に設立した藩校造士館《ぞうしかん》のことだと考えられます。明治34年（1901）には造士館は第七高等学校造士館と改称されているのです。

その後、前田はフランスの偉大さに圧倒されてノイローゼにかかっていたようですが、明治３年（1870）７月に普仏戦争が起こり、頭を悩ますくらい偉大だと思っていたフランスがわずか１年経たずにドイツに負けてしまったことで前田のコンプレックスは克服されていったといいます。この時前田は市民兵としてパリ籠城に参戦しています。

明治６年（1873）、岩倉具視使節団がパリを訪れた時に前田は大久保利通と面会しています。そして、大久保の推薦もあったと考えられますが、明治７年（1874）９月には外務省のマルセイユ領事館書記見習、明治８年（1875）６月には二等書記生としてパリの公使館に勤務します。この時、フランス農務省に出入りして農務局長だったチッスランから農業経済を熱心に学んでいます。

チッスランは前田に大きな影響を与えた人物の一人であり、その後、内務省、農商務省で前田の部下だった樋田魯一《ひだろいち》が明治19年（1886）から翌年にかけて農商務大臣の随行で欧米に行った時にもチッスランに面会しています。その時、農務局長だったチッスランは、「農務局に従事する人は、各地方において誘導、奨励、教育を行うのが最も重要であり、決して机上でなすべきでない」と諭したといいます。

また、「フランスには農政遂行上の組織として、様々な民間団体がある」ことを教えられたといいます。これは、まさに前田が地方をくまなく回り「興業意見」を出したこと、その後、大日本農会など様々な民間団体を創設することに躍起になったのも、このチッスランの影響だと考えられます。

帰国に際し、大量の葡萄苗を持ち帰る

さて、明治９年（1876）10月16日にはフランス公使館にいるままで内務省勧業寮の御用掛兼務を命ぜられ、同年12月18日には帰国を申し付けられています。自叙伝には７年間のフランス留学の恩返しに葡萄苗など

を集めて持ち帰ったとありますが、実は勧業寮からフランスで果樹・蔬菜類・草木・良材などの種子、苗木を集めて持ち帰ってほしいという命令を受け、前田がそれらを集めて翌年春に日本に持ち帰ったということではないでしょうか。

予算は5000円で、実際に持ち帰って三田育種場に植えられたのは、穀《こく》菽《しゅく》（穀物と豆類）６種類、綿３種類、葡萄9605本、果樹2920本でした。この時、協力したのがフランス人農学者で苗木商のシャルル・バルテでした。バルテが病気になった時日本から前田が見舞いに訪れたという逸話も残るくらい、前田はバルテを重要視していたのです。

バルテは、シャンパーニュ地方のオーブ県トロワ市に生まれ、20歳の時に果実研究家となり29歳でオーブ県文化省の農産学部長となっています。また、明治10年（1877）勝沼の二人の青年がワイン研修でフランスを訪れた時、前田に頼まれてバルテは二人の世話をしています。

12月に帰国命令を受けた前田は翌年の春に日本に到着して、葡萄苗約100種類9600本を含めフランスで収集した植物を勧業寮に納めました。勧業寮は三田育種場となる東京三田四国町の旧薩摩藩上屋敷跡５万4000余坪の土地を買い取って内藤新宿勧業寮付属試験場としていて、ここに前田が持ち帰った植物を植え付けたのです。この植栽の指示は、当時西南戦争の指揮をとって京都にいた大久保利通から直接受けたといわれています。

前田は、明治10年（1877）３月31日に外務省本館任務を免ぜられた後に、内務省勧農局事務取扱を命じられています。そして、４月４日にはフランス博覧会の事務取扱、６月25日には博覧会事務官に任命されるとともに、６月13日には三田培養地掛、８月７日には三田育種場の場長を申し付けられています。また、８月21日から11月30日まで、大久保利通が提唱した第一回内国勧業博覧会が東京上野公園で開催されています。

三田育種場の運営方針については前田が「三田育種場着手方法」を作成していますが、この育種場の開設目的を「余業」の経営としています。余業とは本業の米麦以外に農家の経営を助ける果樹などの栽培のことです。これは、明治11年（1878）にドイツから帰国する桂二郎と同じ考えでした。

三田育種場の第３区では、前田が持ち帰った「外国葡萄（百種に近し）」を栽培繁殖する圃場として葡萄の良否を選び、第２区で接ぎ木や挿し木をして増やして全国に配布しようとしています。また、ここで結実した葡萄で酒を造り「りきゅーる」「こんにゃく（コニャック）」「しゃんぱん」「ぶらんでー」「ぼーるどわいん（ボルドーワイン）」や酢（ワインビネガー）を造ろうとしています。

農産・物産振興の拠点、三田育種場の開場

『明治前期勧農事蹟輯録』（大日本農会、1939）によると、明治10年（1877）９月30日、岩倉具視、大久保利通、伊藤博文などが参加し三田育種場の開場式が行われています。そこでは大久保内務大臣が「(三田育種場は）農産振興や葡萄酒などの物産振興の全国の拠点となる。今日育種場の業を開くのは他でもなく、この場は五穀動植物の種類を募集し、あるいは精製改良し農産繁殖の倍増をたすけ、併せて物産運転の便を開き漸次各地方に及び、庶民の便益を拡張することを希望する」と祝詞を述べています。

この三田育種場の開場式の６日前には、西郷隆盛が西南戦争に敗れ自刃。開場式の10日後の10月10日には、前田が祝村の二人の青年などを連れてパリ万博に出発。時代が大きく動いた時でした。

パリに旅立った前田は、パリ万博のトロカデロ会場に日本庭園を造ります。前田は一人の出品人として、この庭園に三田育種場に植えた植物を移植し「第９大区園芸」部門で金牌を受賞しています。そのため、内山平八をリーダーとする園芸家23人を一緒にパリに連れてきていました。内山はその際、前田と懇意の苗木商ビルモランのところで葡萄の管理方法などを学んでいます。実は、前田はビルモラン氏を通して仕入れ先のバルテを紹介してもらったのでした。ビルモランの店はセーヌ川沿いにあり、バルテのトロワとはセーヌ川の舟運でつながっていたので

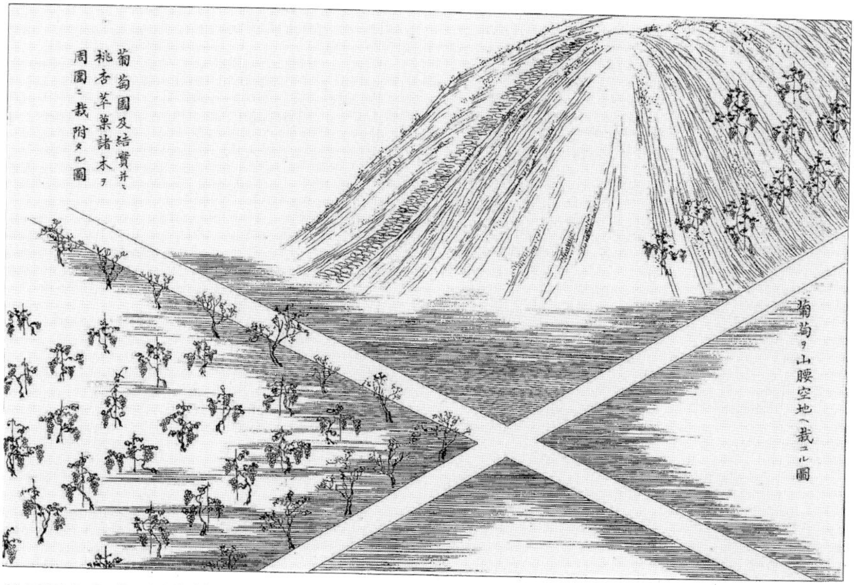

前田正名の「三田育種場着手方法」（国立公文書館所蔵）には、葡萄園の植栽や園道などを図示。ここでも山裾まで葡萄を植える考え方が見てとれる

す。

内山は、モングー村のジュポン氏の醸造所にも訪れ、祝村の二人と同じ時期に収穫・醸造体験を行っています。後に播州葡萄園の醸造責任者となった片寄俊《かたよりしゅん》の回顧録によると、当時の三田育種場は、「池田謙蔵場長の下には曲直瀬《まなせ》愛、出井静、大石卓郎、福羽逸人の諸氏がいて場務を分担し、農芸の実地については内山平八氏がこれに当る」と記述しています。

また、明治13年（1880）３月に発行された『農談雑記』第一篇（東京談農会）の記録によると、祝村の高野積成や三田育種場の曲直瀬愛に加えて、内山平八が「フランス滞在中の話」を次のように述べています。

「明治十年、万国博覧会事務官に随行してフランスパリ府に至り、翌年葡萄樹の剪定法を学ぶためパリ府の東南なるトロワ地方に赴

パリ万博日本館
（国立国会図書館所蔵）

き、著名の植物栽培家バルティの許に二十六日間逗留した。（中略）同年四月末パリ府に帰り、同年七月再びトロワに行って葡萄樹の余分な枝を剪定する法を学び、十月ころまた行って葡萄収穫の景況を目撃した。（中略）博覧会閉場の後、菓木接換法（接ぎ木）、穀菜栽培及び剪定法等の研究のため十一年十一月ころブラーレンのジャーマンにおいて菓木接換の法を学び、また土曜日毎にパリ府の種苗商ビルモランのもとに行って現業に従事して始めてかねてからの志を達成した」

さらに、前田はパリ万博を契機にフランスに３年の留学をする京都府の二人の農業研修生の世話もしています。京都の研修生は在住する山城８郡の郡費での研修でした。この京都の研修生の郡費留学の話がもとになり、祝村の二人の青年が郡費でフランス研修に行ったとの誤った情報も一部で見受けられます。

明治11年（1878）５月20日から11月10日まで開催された第３回パリ万博後、前田は、明治12年（1879）１月に大蔵省商務局勤務を申し付けられ帰国しています。そして翌年10月、フランス公使館総領事を任命され再び渡仏します。その後明治14年（1881）には第二回内国勧業博覧会の担当となり全国の産業の視察に奔走します。

この間、明治13年（1880）には、葡萄栽培及びワイン醸造所として兵庫県に播州葡萄園を開設することになり、前田の夢が半分実現していくのでした。この播州葡萄園には、三田育種場で育てたヨーロッパ系品種の葡萄苗を供給しているのです。

地方産業の発展を訴える「興業意見」

明治14年（1881）4月16日、32歳の前田は、亡き大久保利通の姪石原イチと大久保邸で結婚式を挙げています。前田の親代わりはフランス留学の世話をしてくれた大隈重信、媒酌人は鹿児島同郷の先輩松方正義夫妻でした。そして、明治16年（1883）末からは農商務省、文部省に勤務し明治19年（1886）開催予定のアジア大博覧会の開催に向けて取り組みますが、結局実現しませんでした。

この間、明治17年（1884）には、疲弊する地方の現況調査を実施し、それを「興業意見」17冊に取りまとめましたが、これは政府内において大きな批判の対象となっていきます。明治14年（1881）からの松方財政改革によりデフレが進行し、地方の産業を追い込んでいきますが、「興業意見」ではそうした地方産業の惨憺たる状況を明らかにするとともにこれを批判して地方に勧業資金を供給する興業銀行の設立を求めていました。

また、外国からの技術の移入ではなく、地方の産業や技術を発展させていく重要性を訴える提案で、大蔵省は「興業意見」の内容修正を強く求めました。

ここに仲人の松方と前田の大きな対立が生み出されたのでした。結局、前田は明治18年（1885）末をもって官職から退き、播州葡萄園の払い下げを受けフィロキセラ後の葡萄園の再開を目指しました。三田育種場も明治17年（1884）には大日本農会に委託され、明治19年（1886）には民間に払い下げられていったのです。

その後、明治21年（1888）6月29日、内務大臣の山県有朋の力で山梨県知事として任命され官界へ復帰します。そして明治22年（1889）2月には、農商務省に復活して工務局長、農務局長を歴任し、明治23年（1890）には41歳の若さで農商務次官に昇進します。しかし、山梨県知事の時に関わったペルー銀山詐欺事件によって次官をわずか4か月余りで辞任します。

同年9月、前田は貴族院議員に任命されますが、その後も日本全国を行脚して伝統産業活性化の道を模索し、なかでも組合づくりに没頭していきました。大日本農会、日本茶業会、日本蚕糸会、日本貿易協会、大日本商工会等々あらゆる分野で産業の組織化を図っていったのです。

そして、明治31年（1898）からは、阿寒湖畔3859ha、富士朝霧高原300ha、宮崎200haなど5000ha以上の山林の払い下げを明治政府から受け、植林事業や自然保護を行いながら釧路市に北海道初の製紙パルプ工場を誘致するなど、自然保全と殖産興業に貢献し、大正10年（1921）71歳で亡くなるのでした。

福羽逸人と播州葡萄園

ヨーロッパ系品種の葡萄栽培を提言

明治5年（1872）から内藤新宿試験場に勤務していた福羽逸人《ふくばはやと》は、明治10年（1877）まで津田仙が主宰する学農社農学校や駒場農学校で葡萄栽培を3年間学んでいます。その津田は、「日本のワインの品質が輸入ワインに比べ良くないのは、ヨーロッパ系品種の葡萄を使っていないからである」という指摘を何度も繰り返していました。

この課題を解決するため、内務省勧農局では明治10年（1877）9月30日に三田育種場を開園し、前田正名が欧州から持ち帰った葡萄樹を育成してその苗を全国に配布し始めるのです。

しかし、明治7年（1874）からヨーロッパ系品種の葡萄を栽培していた内藤新宿試験場では、葡萄が一向に結実しませんでした。このため、

播州葡萄園の葡萄実験栽培用のガラス温室遺構（稲美町立郷土資料館）

明治12年（1879）６月、福羽は「東京地方は欧州産葡萄種類の栽培に適せざるの辨（弁）」を提言し、東京周辺では葡萄酒用に最適なヨーロッパ系品種の葡萄栽培を行うことは難しいため、温かい西日本での栽培をすべきであると主張しました。

この提言によって、勧農局ではヨーロッパ系品種の葡萄の栽培試験場を開設する企画が具体化し、建設場所は紆余曲折しましたが、結局、兵庫県に試験場を整備することとなります。そして、福羽を播州葡萄園の園長心得に任命し、兵庫県印南新村（現、稲美《いなみ》町印南《いんなみ》）に派遣。明治13年（1880）３月までに敷地30町２反歩を確保し、園舎、寄宿舎、納屋等を備えた施設を建設します。

福羽は、「ピノー種は醸造酒用の品種中で最も良質なので、将来本園に繁殖する種類はこのピノー種を広く植えるつもりである」と言って整備を始めています。

その後、東京の三田育種場からフランスの苗木等を運搬して、４月５

地下室に敷き詰められたレンガの床（稲美町立郷土資料館）

日までに２万8556本を約６haの畑に植樹したのです。明治14年（1881）には、追加して約５万本の苗木を植樹。翌年秋には葡萄が収穫できたため、農商務省の指示を受けて桂二郎と協議し、「播州葡萄園事業計画前途見込書」を提出しています。それによると、生育状況はまだ十分ではなく今は醸造よりも栽培繁殖に力を入れるべきだとし、醸造は２年後とすることに決しました。

天候不順と害虫で挫折

醸造担当は桂二郎を予定していましたが、二郎は明治16年（1883）８月から札幌にある開拓使の醸造所に赴任したため、代わりに三田育種場から津田仙の農学校で学んだ片寄俊が着任しました。そして開園から４年経った明治17年（1884）には醸造棟も整備し、葡萄1005貫（約3700kg）を収穫して、６石（約1080ℓ、５樽）のワインを生産しました。この時、葡萄の樹はさらに増え全体で11万1305本を数え、ガラス温室２棟も整備され誰もが順調に葡萄が収穫されていくと考えていたのでした。

いよいよ本格的な収穫、そしてワイン造りという明治18年（1885）、

未開封のワインボトルなども出土した（稲美町立郷土資料館）

天候不順に加えて農園ではフィロキセラというブドウネアブラムシが大量発生してしまいました。このため、葡萄収穫量は前年の５分の１の200貫（750kg）、ワイン生産量は1.5石（270ℓ）に留まったのです。フィロキセラは同年５月14日に日本で初めて三田育種場で確認されていて、この三田育種場からの苗の供給によって全国に広まって行ったのでした。

この時播州葡萄園の園長だった福羽は、明治19年（1886）３月５日、農商務省から２年間のフランス、ドイツへの研修を命じられ、播州葡萄園を離れることとなります。フィロキセラへの対応を学ぶためだと考えられますが、実際の行程は帰りにイタリアやアメリカなどを経由したため研修期間は４年間となりました。

しかし、福羽の研修命令の直後、３月27日に農商務省から請議が出され、播州葡萄園の経営は１年間4000円の補助金で前田正名に３年間委託されます。そして明治21年（1888）には、5377円５銭で前田に払い下げられたのでした。播州葡萄園は払い下げ後数年にわたり経営されていましたが、明治20年代後半に廃園となっていったと伝えられています。

なお、播州葡萄園はヨーロッパ系品種の葡萄の栽培とワイン醸造など

1996年の発掘による礫敷き暗渠排水溝（稲美町立郷土資料館）

を目的に殖産興業政策の一環として開設されたのですが、十数年で幕を閉じ資料などがほとんど残っていないこともあり、長い間「幻の葡萄園」のような存在でした。しかし、平成８年（1996）７月、兵庫県加古郡稲美町印南で圃場整備のため作業中のパワー・シャベルが、地中に敷き詰められたレンガの床などを掘り当てました。播州葡萄園が120年ぶりによみがえった瞬間だったともいわれています。

その後の稲美町教育委員会の発掘調査によりガラス温室跡２棟、醸造場建物跡、礫《れき》敷き暗渠排水溝などが見つかり、未開栓のワインボトルや陶磁器、金属類も出土。これらは播州葡萄園の足跡を知るために設置した播州葡萄園歴史の館（稲美町立郷土資料館）に展示されたり、館内の写真パネルや映像などでも紹介されたりしており、福羽逸人、前田正名らが手がけた葡萄園が幻ではなく確かな証《あかし》としてわかるようになっています。

第3章

ワイン造り草創に人あり志あり

── その2 官主導期〜民間主導期

東京・日本橋の甲斐産商店（「甲斐産葡萄酒沿革」所収）。明治 20 年を過ぎてくると課題としてワインの流通、販路のウエートが大きくなり、各社が販売に力を入れ出した

髙野正誠と土屋龍憲の
フランス研修と試練の醸造

髙野正誠　*1852～1923*
土屋龍憲　*1859～1940*

農産加工が中心の村から

山梨県の祝村は、明治８年（1875）に上岩崎村、下岩崎村、藤井村が合併して誕生した人口1700人余りの村で、祝（イワイ）の村名は、岩崎の岩（イワ）と藤井の井（イ）を取って名付けられました。

筑波大学の湯澤規子教授の論文「山梨県八代郡祝村における葡萄酒会社の設立と展開－明治前期の産業と担い手に関する一考察－」によると、明治９年（1876）の祝村の耕地面積は総計171.8haで、このうち田が62.0ha、畑が109.8haという状況でした。また明治13年（1880）における全物産の生産金額の割合は、生糸が約40％、繭が約30％、葡萄は9.7％を占め、米が7.4％であり、祝村は農産加工品を中心とした複合的な農業経営と、その加工業による現金収入により成り立っていた村だった、と述べています。

髙野正誠《まさなり》は、祝村上岩崎の氷川《ひかわ》神社の神官で、嘉永５年（1852）に生まれています。そして、明治10年（1877）５月の選挙では県議会議員に選ばれています。ちょうどフランス研修に行くこの年には25歳でした。一方、土屋龍憲《りゅうけん》は、安政６年（1859）、土屋勝右衛門の長男として下岩崎村に生まれ、明治10年（1877）には19歳でした。父の土屋勝右衛門は、酒造家、質屋、養蚕生糸屋を営んでおり、明治８年（1875）には祝村の副戸長（副村長）を務めていました。二人は、県会議員、副村長の息子と、どちらも公的な立場の人物でした。

フランス研修のために会社設立

この祝村の葡萄酒会社の設立については、明治10年（1877）８月、東八代郡祝村下岩崎の内田作右衛門、雨宮彦兵衛、土屋勝右衛門、宮崎市左衛門らが発起人になって自主的に組織化されたといわれてきました。

しかし、実際は、祝村の高野正誠と土屋龍憲にフランスでワイン造りを学ばせるために、県令藤村紫朗の提唱によってこの会社は設立されたのでした。日本果物会が発行した「果物雑誌」では、高野積成が「当時、藤村県令の勧誘により有志者とともに資金を出し、仏国醸造技術習得のため研修生二名を渡航せしめ」と述べています。高野正誠も自分のワインである鷹印葡萄酒の発売にあたり「本品の醸造者高野正誠は明治初年醸造練習生として県の選抜を受け」と言っています。

また、この会社が正式な株券を発行して大日本山梨葡萄酒会社になったのは明治14年（1881）１月１日で、公開されている株券の株主には、内田庄兵衛、高野正誠、志村市兵衛がいますが、いずれも上野晴朗著『山梨のワイン発達史』（勝沼町役場、1977）に掲載されている株主といわれている72人の名簿には該当がありません。この本では、大日本山梨葡萄酒会社は合計で設立資金１万4296円15銭８厘を県下から集めたといいますが、どういうことなでのでしょうか。

推測するに、明治10年（1877）８月はフランスへの研修費だけを集め、会社設立の出資は募らなかったのでしょう。まず、研修費の工面が先だったのです。当初計画では、ワイン造りが始まり資金が必要になるのは明治11年（1878）秋からであって、その時までに別途出資を募る約束だったのです。先述の72人の名簿には表紙がないとのことですので、これは研修費の出資者の名簿だと考えられます。明治14年（1881）に株券を発行したときに、既に負担している研修費の3000円を含めて合計１万4000円を集めたのです。

浅井昭吾著『日本のワイン・誕生と揺籃時代』（日本経済評論社）によると、「会社の活動は明治12年（1879）から始まり、13年まで活況を呈するなかで、正式な役員が選任され、明治14年（1881）１月、株券が発行された。俗にいう『大日本山梨葡萄酒会社』の社名は、ここに初めて登場する」「要するに、研修生を留学させる方針が藤村紫朗の周辺で先にかたまり、それを実現するために、会社を設立させられたのであろう」としています。

また、上野晴朗著『山梨のワイン発達史』（勝沼町役場）でも、「二人の青年を急遽フランスに派遣しなければならなくなり、急いで会社を設立し、仮社長に戸長である雨宮彦兵衛と資産家の内田作右衛門を連名で当てた」としています。

山梨県もこの研修に対し1000円を貸し付けていますが、県庁の城山が二人のフランス研修に課したのが、ボルドー赤ワインであるカラリット（クラレット）の醸造でした。この当時、赤ワインは山葡萄を原料とするものしかなく、また、明治９年（1876）から山梨県の勧業試験場で栽培していたヨーロッパ系品種はことごとく病気にやられて、アメリカ系品種とヨーロッパ系品種を掛け合わせたカトウバ（紫色赤葡萄）くらいしか育ちませんでした。このため、本格的な赤ワイン用の葡萄が不可欠だったのです。城山は前田正名と藤村紫朗のこの命令を受け、ボルドーの赤ワインに必要な葡萄栽培とワイン醸造に関する知識の習得を二人の青年に指示したのです。

実は、フランスへの航海中に二人が何度も読み返した前田の「三田育種場着手方法」には、今後三田育種場で造るべきワインとして「ぼーるどわいん（ボルドーワイン）」という文字がありました。どこからカラリットという「ボルドーワインの英語での愛称」が出てきたのかわかりませんが、明確にボルドーワインと指示をすれば、二人の青年が悩む必要はなかったのかもしれません。

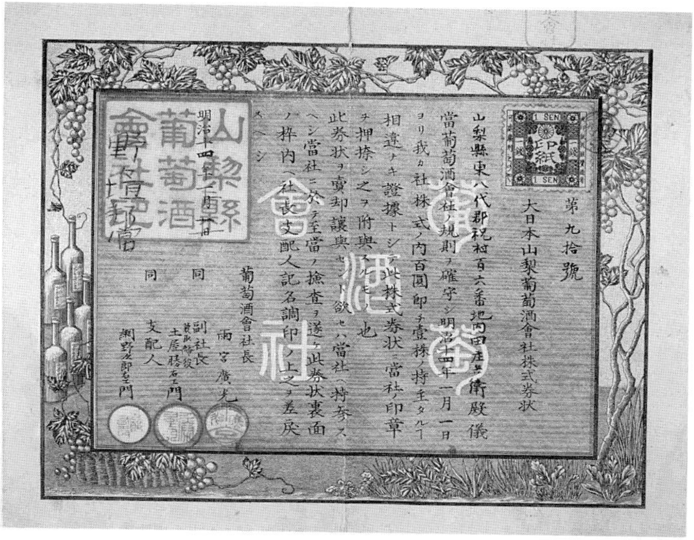

大日本山梨葡萄酒会社の株券表（山梨県立図書館所蔵）。この株券から会社の設立は、明治14年1月1日であることがわかる

ただ、前田が二人の研修先として選んだのは、パリから東に位置するシャンパーニュ地域の最南部オーブ郡トロア市。シャブリ地区の北70kmにあり、ボルドーとは全くの方向違いで、北緯50度（サハリン辺り）というかなり冷涼な葡萄産地で赤ワイン用の熟成した葡萄が育ちにくい地域でした。先にも述べましたが、これは前田が行ったフランスから日本への葡萄苗などの輸出に当たりトロアのバルテ氏に依頼して苗を購入していたために他なりません。

なお、明治10年（1877）10月に足りない研修費のために県へ提出した借財の要望書には、拝借人として内田作右衛門、雨宮彦兵衛の名前が記載されており、当初祝村で設立された葡萄酒会社の代表はこの二人であったことがわかります。二人の青年がフランスから送った手紙の相手先も内田氏、雨宮氏になっていて二人を「社長」としていますが、時折「仮社長」との肩書も見られます。その後、14年の正式な会社設立からは日川村（現、笛吹市一宮町）の戸長で興商社を経営していた雨宮廣光が社長に就任します。

フランス研修の誓約書

二人は、横浜港をフランス郵船の定期便タナイス号で明治10年（1877）10月10日に出港していますが、この時祝村から二人を連れて東京まで行ったのは、八田村（現、南アルプス市）の区長総代理を務めた穴水朝次郎、塩山の豪農の田辺有栄《ゆうえい》、中道（現、甲府市）の文化人で後の県議会議長になった林（門+悳）《ただし》の３人と県勧業課長の福地隆春。これら県政会の大物に連れられて二人は松方正義、前田正名のところに訪れたといいます。また、後年の龍憲の回想によると、上京して前田正名を訪問し大久保利通にも面会したところ、大久保の眼光は鋭く光って怖かったと伝えられています。タナイス号の出発日は当初10月８日でしたが、イギリスやフランスに輸出する生糸の集荷状況が思わしくなく２日間延期され10日になってしまいました。二人は研修先もわからずに横浜を旅立ったのでしょうが、会社はフランス研修にあたり二人の青年と盟約書と誓約書の二つを取り交わしています。

明治10年（1877）10月４日に締結した盟約書では、研修期間を１年としてこの期間を超えた場合は自費で修業をすることとしています。また、その４日後、横浜港からまさに出向しようとしていた10月８日に交わした誓約書では、途中挫折した場合は研修にかかる全ての費用を二人が弁償することとしています。しかも、帰国後は葡萄栽培とワイン醸造を必ず成功させなければならないという大変厳しい内容のものでした。当時の3000円は今の１億円以上の金額に相当すると言われていますので、全くわからないフランス語とともに、この金額も二人には大変なプレッシャーだったに違いありません。

この盟約書と誓約書について、浅井昭吾氏は『日本のワイン・誕生と揺籃時代』で村外の有力株主への配慮が働いたためだとしています。

「もし二人の留学が祝村をあげての壮挙であるなら、どうしてこのような過酷な条件をつけることがあろう。（中略）城山は勧業課長福地隆春とともに県内の生糸貿易商、製糸業者、金融業者、清酒醸造家など、多くの豪商、豪農に呼びかけ、祝村葡萄酒会社の株主になるよう勧誘している。（中略）そのための費用を祝村の株主だけで拠出することは困難であったのだろう。祝村葡萄酒会社が実際の活動を開始するまでの間、仮の社長であった内田、雨宮が壮途につく二人に重ねて誓約書を求めたのは、こうした村外の有力株主への配慮が働いたためだと思われる」

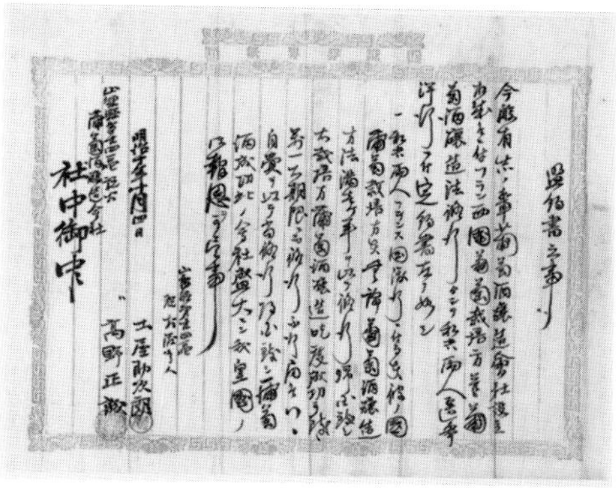
二人の青年にとって厳しい内容になっている盟約書（『勝沼町史』所収）

フランスからの帰国後、二人は祝村葡萄酒会社で醸造担当として雇われるのですが、『山梨のワイン発達史』によると、この誓約書に基づいて１年間の洋行費3031円以外に支出した経費3017円を二人に返還させることとして、毎月の給料の30円から25円ずつ天引きしたとしています。そのせいもあって土屋龍憲は明治15年（1882）３月までに会社を辞めてしまい、高野正誠の責任はより一層重いものとなったのです。

フランス研修中の記録

さて、二人のフランス研修に戻ります。浅井氏は、二人の青年の研修記録である「明治十年同十一年中往復記録」が奇跡的に発見された時のことを次のように述べています。

「昭和52年（1977）２月、山梨県勝沼町下岩崎、土屋總之助氏の邸内で、庭木を植え替えようとして土の中の大きな岩を掘り起こしたところ、その下から渋紙にくるまった二冊の和綴じの雑記帳が出てきた。（中略）表紙には毛筆でそれぞれ、「正明要録草稿」「明治十年同十一年中往復記録」、としたためられ、地中に埋もれていたとは信じられないほど乾いて健全な姿を保っていた」

この記録の「往復」の意味は、旅行行程の往復ではなく書簡の往復のことです。二人が明治10年（1877）10月19日香港から祝村の醸造会社に宛てた第１通目から、フランスで前田正名に送った明治11年（1878）11月17日の書状までの77通がここに記載されていて、二人の研修の様子や当時の勝沼のことが読み取れます。この「往復書簡」は京都大学の有木《ありき》純善教授が解読し、『日本のワイン・誕生と揺籃時代』の後編に主要な部分が掲載されています。

二人は、１か月半の船旅を終えてマルセイユに着いた時、まず県庁から指示されたカラリットのことを心配しています。依然としてカラリットとは何のことかわからなかったのです。「国元を発つ際に城山様から御指揮があったカラリットを学ぶことができるかどうか心配のあまり前田先生に相談した。そうしたところ、その説明のなかでどんな酒を学ぶということではない。そこの地で造られているワイン造りを学べばいい」と安心した様子が勝沼の会社の内田、雨宮宛の手紙に見られます。

そして、いよいよフランスに着いた高揚感からか「私たちはワイン造りをマスターしなければ無論祝村を追放される身分なので、なおさら勉強を最優先する」と改めて宣言しています。マルセイユからパリまで汽車でまる一日かかり、その後二人は前田の紹介で苗木商のバルテに面会し、パリから汽車でトロワに向かいました。トロワにはバルテの種苗場があり、二人は挿し木や剪定などを習っています。実際の葡萄栽培とワイン醸造の研修は、モングー村のジュポンのワイナリーで行われました。バルテが実習をジュポンに依頼したのです。また、当時パリにいた日本人の中村孟が、二人の研修に必要なフランス語の資料の翻訳を時折してくれていました。

その後の手紙には、着いた直後の12月はパリで１か月フランス語を勉強したこと、しかしやはり言葉は通じないで困っていること、ジュポンは一日おきにしかワイナリーに来ないので醸造上の機微を主任から聞こうとするが言葉がわからないため日仏辞書の購入を前田正名に頼んでいること、醸造の現状をバルデ、ジュポンから詳しく教えてもらえないので前田から教えてくれるように頼んでほしいことなどの苦労が記録されています。この研修期間を通してジュポンからの丁寧な醸造技術の教えはなく作業を通しての実習という状況で、二人から前田に何度も手紙を出して、バルデ、ジュポンに技術を教えてほしいと懇願しています。また、祝村の会社からは、二人から問い合わせのあったフランス葡萄苗の発注数について、いろいろな議論をしているが輸送賃も高いのでなかなか決まらないこと、津田仙の学農社から西洋葡萄苗を購入して植え付けたが、栽培上不明な点も多いのでフランスでの葡萄畑の立地や樹の管理の仕方など詳しく教えてほしいなどの記録があります。さらに、フランスの養蚕、製糸場、織物場についてもわかったら教えてほしいこと、二人の日誌や書状を前田が県令の藤村に送ったところ城山ほか県庁中が喜んでいることな

髙野正誠（左）と土屋龍憲（右）の二人がフランスの研修先で葡萄の樹を剪定している。ここで葡萄の栽培と醸造を手探りで学ぶ（甲州市教育委員会）

ども記載されています。
　このなかで、祝村の葡萄酒会社の会議について触れられていますが、７月13日の手紙の段階で「社中（未だ13名）の者」と書かれ、実際に葡萄栽培をする祝村の社員（農家）はこれまで考えられていた人数よりかなり少なかったことがわかります。二人の研修、さらには帰国後のワイン造りが成功するかどうか疑問に思っていたのでしょう。

「カラリット」はボルドーの赤ワイン

　さらに、カラリットについては、５月12日の手紙で「ジュポン氏は赤と白のワインを醸造していて、このうち赤ワインのことをカラリットと言うに違いない」と書いています。
　その３か月後の手紙には「フランスにおいてはこの酒をVinと言う。ワアン（ワイン）はすなわち酒という言葉である。このワアンは食事の都度々々いかなる貧人といえども欠かさないもので、これを飲むことはけして贅沢ではない。（中略）城山様が仰ったカラリットは全くその土地の酒名であってすなわちワアンのことである。（中略）この類例フランスには非常に多い」と記載されていて、ここでようやくカラリットについて特定の地域における赤ワインのことと理解したのです。
　ただ、カラリット（クラレット）はイギリスがボルドーを支配していた12世紀からのイギリスでの愛称であり、「カラリットの名称について一生懸命にフランス人に聞いてみたが誰一人として知る者はいなかった」とあります。カラリットとはボルドー地域の赤ワインのこと。これを知った時、二人は愕然としたことでしょう。
　また、７月13日付の内田、雨宮の両氏からの手紙には、「このところ日本では大藤氏が醸造した葡萄酒が上出来でよく売れている。特にブランデーは上出来とのこと。ブランデーは醸造カスから造っており、余り物が後に便益が出るとはよもやと言わなければならない」と、驚いた様子で大藤のワイン造りをほめています。これに対し、二人からの手紙では、フランスでも誰も知らないカラリットの正体をついに見破ったことに加え、「大藤君が仏製のワアンを造ることをご存じならば、さすがの前田公においてもこのような御世話をしてくれる理由はない」「(前田公は）両輩（正誠、龍憲）卒業のうえは我が帝国の葡萄酒の原礎である(と仰ってくれた)」と返事をしています。

大藤がフランスのワイン造りを知らないので我々が勉強しに来たのであり、私たちこそが日本の葡萄酒の原礎だと言っているのです。すでに、大藤松五郎に対するライバル心がにじみ出ていることがここにうかがえます。二人の帰国後も、県立葡萄酒醸造所との接点があまり見受けられないのも、甲府と祝村の「歩いて５時間」という距離だけの問題ではなく、このような感情があったからかもしれません。

二人は、前田の計らいで研修期間を延ばし、10月14日から30日までの約２週間、ジュポンのワイナリーで葡萄を収穫しワインを醸造しています。二人から祝村葡萄酒会社に送られた手紙には、「待ち望みかつ言葉が通じないため不安心千万だった醸造現業過程を、不眠の努力で修得したのでもう心配しないでくれ」と述べ、延長した研修期間は必要だったことを訴えています。

その後は、12月中の帰国を再度延期し、ビールやシャンパンの製造方法や醸造用の機器を見学しています。さらに、山梨の気候に合った葡萄苗を持ち帰るべく交渉した様子がありますが、ここでも言葉の壁でうまくいかなかったとのこと。そして、葡萄苗はフランスに蔓延しているフィロキセラの影響で、結局は持ち帰ることはできなかったのです。なお、葡萄苗は二人の帰国後に三田育種場から調達していますが、結局、勝沼ではフランス品種の葡萄栽培は成功しませんでした。

大日本山梨葡萄酒会社

明治12年（1879）５月、二人の帰国後、雨宮彦兵衛の日本酒蔵の建物、醸造器具を借り、ここを葡萄酒醸造場として早速秋にはワイン造りが始められます。『大日本洋酒缶詰沿革史』には、大日本山梨葡萄酒会社は、明治12年（1879）から15年（1882）までに和種葡萄、つまり甲州葡萄で520石９斗（９万3762ℓ）、明治15年から16年（1883）に洋種葡萄により28石４斗（5112ℓ）のワインを醸造している記録があります。そして、明治12年には150石（２万7000ℓ）、13年（1880）には30石（5400ℓ）を生産しているとしています。

ワインにかける情熱の違い

同社の葡萄買入帳からは明治12年（1879）は30石、13年（1880）は180石と推計できるため、『大日本洋酒缶詰沿革史』の12年と13年の数字は逆かもしれません。そして、明治14年（1881）は60石、15年（1882）は50石、16年（1883）は20石と甲州葡萄での醸造はやめて生産量を減らしていきます。ちなみに明治14年（1881）の醸造における上岩崎、下岩崎の葡萄の売主は19人で、11年７月の13名からわずかながら増加しています。しかし、入金済みの株は全体で119株なので、葡萄農家の持ち株は少ない状況でした。株主は社長の雨宮廣光などの投資家が中心で、ワインにかける情熱が祝村の人たちとは大きく違ったと伝えられています。

生産されたワインは、明治14年（1881）７月までには100余石を販売していましたが、醸造並びに貯蔵の方法などに欠陥があって次第に変味酒を出すようになってしまい社業が傾いていきます。明治16年（1883）に洋種葡萄で少量のワインを醸造後、17年18年と製造を中止しているのです。この間、正誠は明治14年に和歌山県有田の蜜柑酒会社「安諦社《あでしゃ》」の創立に前田正名とともに株主として参加し、また、明治16年には、土屋龍憲は、高野積成とともに、栃木県の野州葡萄酒会社に移籍して葡萄栽培とワイン造りに取り組んだといいます。

このころになると会社には解散の動きが出てきていましたが、これに対し正誠は大蔵大臣の松方正義等に「興業資金拝借悃願書」を提出し、「山梨の資産家はその資金を高利で貸すばかりで殖産事業に投資しない

大日本山梨葡萄酒会社跡地の土屋龍憲セラー。醸造場はセラー左隣の空き地となっている場所にあった

ため、一時他県より低利の勧業資金を山梨県に回し、そこからこの会社に5年間分の資金を貸し付けてくれる」よう懇願しています。

そのなかでは「会社は誠実に国益と殖産を考える人士が乏しくて、目先の利益だけにきゅうきゅうとしているものばかり」と述べています。しかし、既に国は勧業政策を転換していて正誠の希望はかなえられませんでした。

一方、この会社の設立にあたっては、高野積成は望んで出資しており、明治11年（1878）には麻布本町の津田仙から西洋種のイザベラ、アジロンダックなど4種の苗を購入して、祝村で初めての西洋種葡萄の栽培を試みています。また、会社の仮社長であった祝村戸長の雨宮彦兵衛も、同年に三田育種場から西洋種葡萄苗のコンコード、カトーバを購入し栽培を始めている記録が残っています。残念ながら、正誠と龍憲のフランス研修時においてはフィロキセラが蔓延しつつあり、ヨーロッパ系品種の葡萄苗は持ち帰ることはできなかったのですが、これに先駆けて、積成と彦兵衛は課題であった赤ワイン用の葡萄栽培を進めようとしていたのでした。

ワイン市場形成の萌芽に

また、『大日本洋酒缶詰沿革史』によると、明治12年（1879）には岩

崎村の戸長だった雨宮作左衛門も、葡萄酒醸造所を創設している記録が残っています。藤村紫朗が農商務省大臣宛てに提出した、県立葡萄酒醸造所の委託金棄損の上申書にある「本場を真似て設立した民立醸造所も2か所に及ぶ」のうち一つは大日本山梨葡萄酒会社であり、もう一つが雨宮作左衛門のワイナリーでしょう。その後明治32年（1899）には、作左衛門は雨宮彦兵衛らと「日本葡萄酒合資会社」も設立しています。

この大日本山梨葡萄酒会社や山梨県立葡萄酒醸造所が販売する国産ワインは、少しずつではありましたが日本のワイン市場形成の萌芽となっていきます。明治14年（1881）くらいから洋酒を扱う業者が山梨に資本を投下してワインを造ろうという動きを見せ始めたのです。東京においても葡萄酒会社設立の動きが見られるとともに、勝沼の等々力には東京葡萄酒製造会社が設立されて「近隣の葡萄農家から葡萄を購入し醸造を始めたが、原料が足りないので塩山の神金地区に50haの葡萄畑の開墾を始めた」という記録も見られます。

しかし、これらの洋酒業者は、正誠や龍憲のように本格的な葡萄酒を醸造して日本の国益を上げることが目的ではなく、当時流行っていた西洋の模造酒の原料にするための投資と考えていました。祝村の大日本山梨葡萄酒会社の出資者においてもこの二つの考え方の違いがあり、経営方針が一つにならなかったことも解散の原因といえるのでした。

ワインの品質、市場と会社解散

「山梨県八代郡祝村における葡萄酒会社の設立と展開」（湯澤規子）によると、大日本山梨葡萄酒会社は明治17年（1884）9月18日の株主総会時に、22対7の決議で会社の解散を決定しました。その後財産の処分を決め、明治19年（1886）9月、発行株式143株のうち入金済みの119株に対し一株100円の出資に対し10円の返金を行って、ついに解散してしまいます。同社の諸帳簿や証書類、醸造器具は、当時同社の社長だった雨宮廣光が社長を務める日川村の興商銀行が引き継いでいます。

会社解散の理由は、ワインの品質に加え、やはり生葡萄酒の市場が成長しなかったこと、販売ルートを持たなかったことに尽きるかと考えられます。

まず、ワインの品質ですが、発酵管理の未熟さによってアルコールの生成が十分に行えなかったのではないかといわれています。低いアルコール度数では他の雑菌の繁殖や、ワインのなかに残った糖分の再発酵などが容易に起こるので保存に耐えられないためです。髙野正誠がその著書『葡萄三説』のなかで、「葡萄は糖分があるから醸造しやすいが、醸造後はその糖分によって葡萄酒がだめになる」と書いてある通りでした。

また、当時はビンが貴重でしたので日本酒と同じ売り方、樽を小売店へ送り消費者が持参した徳利などへの量り売りが中心だったので、樽の中でワインが汚染されていったことが容易に想像できます。また、山梨県立葡萄酒醸造所では使っていた酸化防止のための二酸化硫黄も使っていなかったので、なおさらでした。

浅井氏はこの原因を、「わずか１年の醸造期を体験しただけで（中略）彼らが実際に従事したフランスのワイン造りからは、持ち帰るべき技法上の知識はほとんど見いだせなかった」と述べています。龍憲が書き残した「葡萄栽培並葡萄酒醸造範本」に残る唯一の醸造方法の記録が「葡萄酒醸造の義はもっとも易し。ただ葡萄をつぶし桶に入れ置き、沸騰後に至り暖気さめたる時絞れば、則ち酒となる」ということからわかる通り、発酵管理、保存管理が十分ではなかったのです。

そして、当然といえば当然ですが、最も大きな原因とすればワイン市場が成長しなかったことでした。先に述べた通り、大久保の暗殺以降、松方正義の緊縮財政によって勧農勧業政策が大きく変化したことも大きく影響しています。明治12年（1879）に松方正義が出した「勧農要旨」によると、「原則に遡ってこれを論ずれば、農業は人民営生の私業にして、政府はごくわずかでもこれに関与すべき権力を有していない」と、政府が民間に代わって物産の改良繁殖を図ることに反対しています。祝村の二人の青年がいよいよワインを造ろうという時に、国や県の支援が受けられなくなっていたのでした。

このように、市場については松方正義が特段応援することを止めて市場に任せるという政策をとりましたので、一般需要がないなかで横浜での外国人、鹿鳴館に代表されるような上流階級での市場しかありませんでした。しかし、ここにはフランスの輸入ワインが市場を独占していて、これに食い込むことができないのは自明の理でした。そして、生葡萄酒の流通の販路については、甘味葡萄酒が薬局という販路を持っていたのに対し、祝村では付き合いのあった東京の果物店1店舗での販売ということでしたので一般には広まらなかったのです。

髙野正誠の『葡萄三説』と大規模葡萄園構想

髙野正誠の元には、大日本山梨葡萄酒会社が解散する前から、会社とは別にワイン造りの方法を学ぶための門下生が甲府や静岡、岡山などから集まっていました。その門下に入った者たちと契約書を交わし、葡萄栽培普及と醸造学を学ぶための教育をしていました。そのようななかで明治14年（1881）には、和歌山県の人々と蜜柑酒会社を興して新天地を切り開こうとしています。これは前田正名の依頼でもありました。そして祝村の葡萄酒会社解散後には、土屋龍憲や宮崎光太郎の新醸造場計画に乗らずに、この蜜柑酒会社に単身赴いて蜜柑酒の醸造と葡萄栽培を試みます。しかし、間もなく蜜柑酒会社も解散してしまい、正誠は祝村に帰って来るのでした。

明治21年（1888）和歌山から帰った正誠は、ワイン造りに再起をかけ、山梨の峡中地域や富士山の裾野の原野1616.6haを開拓して大規模葡萄園を経営する構想を御料局に願い出ましたが却下されています。しかし正誠は、それならば全国の仲間に声をかけて多くの賛同者を得ようと、この構想の基礎となる書籍を出版することにしたのでした。これが『葡萄三説』です。

最古の部類に入る未開封ワイン（髙野家所蔵、シャトー・メルシャンワイン資料館保存展示）

髙野正誠の『葡萄三説』（国立国会図書館所蔵）の挿絵。ワインがテーブル上に

この『葡萄三説』は、「葡萄園開設すべきの説」「葡萄栽培説」「葡萄醸酒説」の三部からなる葡萄栽培とワイン醸造の実務書であるのと同時に、「一大葡萄園構想」の実現を促す書物でもありました。

明治23年（1890）12月、書籍ができると正誠はすぐに「一大葡萄園開設費資金募集趣意書」というパンフレットもつくって、全国の知り合いに配布し図書の販売と「一大葡萄園開設費資金」を募る運動を始めました。『葡萄三説』の推薦人は前田正名でしたので、趣意書が公布されると多くの問い合わせが全国から殺到したといいます。しかし、正誠のこの計画は理想が高くかつ国から許可が下りていない開発計画でもありましたので、賛同者が思いのほか少なく12万7500円の資金を予定したこの構想はいつしか消滅していったのでした。その後、正誠は『葡萄三説』による知名度により、全国各地から招かれて葡萄及び葡萄酒造りの講演に出向いたのでした。

また、正誠は『葡萄三説』の出版を通して新潟の川上善兵衛と明治24年（1891）から書簡の交換をするようになり、大規模葡萄園構想の考え方は、善兵衛に引き継がれていったともいえます。高野積成も、同時期に桂二郎の教えで大規模葡萄園の開拓を進めています。上野晴朗氏は、お互いにライバルのような関係だったのではないかと述べています。

その後、正誠は明治27年（1894）に鷹印高野園酒造場を立ち上げて自ら醸造を始め、翌年には東京に葡萄酒販売の芳醇社も開設し製造販売の一元化を図っています。さらに明治38年（1905）からは品質の高いワインの生産を拡大し、善兵衛の義弟が立ち上げた葡萄酒の販売会社「日本葡萄酒株式会社」や明治44年（1911）に降矢《ふるや》虎馬之甫《こまのすけ》が東京市ヶ谷に開業した「甲州園」においても委託販売するようになりました。

甲斐産商店から土屋合名会社、まるき葡萄酒へ

一方、野州葡萄酒会社から戻った土屋龍憲は、宮崎光太郎、土屋保幸（龍憲の弟）とともに明治19年（1886）にワイン造りを再開します。宮崎は龍憲の妹きくと結婚しており一家での再出発でした。そして明治21年（1888）には、東京市日本橋区元大坂町に販売所「甲斐産商店」を設置し、販売するワインに「甲斐産葡萄酒」と名付けました。

一般的には、解散した大日本山梨葡萄酒会社から龍憲と宮崎が醸造施設を譲り受け、営業を再開したといわれていますが、上野晴朗著『山梨のワイン発達史』（勝沼町役場）によると、この醸造所の施設は土地建物を含めて入札にかけられ、塩山の菊嶋生宣、雨宮啓次郎らが390円で取得した記録があるといいます。そして、菊嶋らは葡萄酒会社を設立し、明治19年（1886）にはワイン30石を醸造するのです。菊嶋は、当時、県議会議員で後に衆議院議員となっていて、雨宮は日本製粉や甲武鉄道などに投資した有名な甲州財閥の「天下の雨啓」ですが、この会社はその後成果を挙げることなく解散していったといいます。

葡萄園と土屋葡萄酒醸造所（まるき葡萄酒）

龍憲と宮崎は、大日本山梨葡萄酒会社のすぐ隣にある土屋家の日本酒蔵を改造して、再スタートを切っていたのです。明治21年（1888）までの３年間で貯蔵している葡萄酒が500石を超え、何とかこれを販売しようと東京日本橋に「甲斐産商店」を設置します。

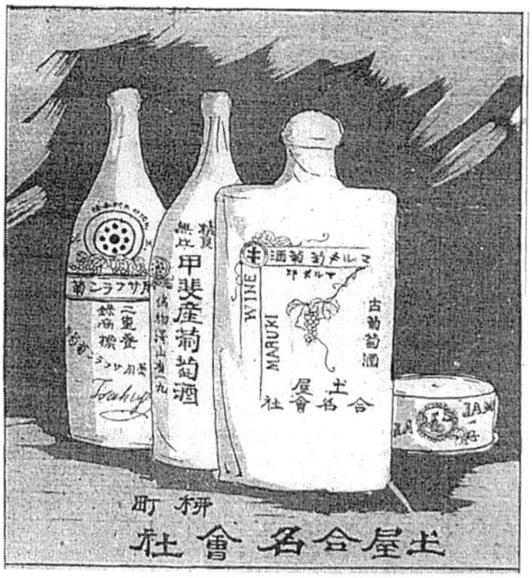

甲斐産葡萄酒などの広告。明治35年の「甲府案内」所収

しかし、『大日本洋酒缶詰沿革史』によると、龍憲と宮崎のワインの品質は、大日本山梨葡萄酒会社時代のものより多少改善されたがいまだ純良酒といえず、加えて時代は甘味葡萄酒が流行っていて生葡萄酒による経営は困難を極めたといいます。そのため、明治23年（1890）春には龍憲は会社の主幹（社長）を宮崎に譲り、祝村の実家に戻って一醸造家になったのでした。「甲斐産商店」の醸造場は土屋龍憲が継続し土屋葡萄酒醸造所と名付け、宮崎は東京の営業拠点である「甲斐産商店」を引き受けました。

かつてのワイン製造現場（まるき葡萄酒）

このころが龍憲にとって人生でいちばん落ち込んだ時期だといわれています。失意のどん底から再びワイン造りの情熱を取り戻したのは、新潟の川上善兵衛との出会いがきっかけでした。明治25年（1892）、25歳だった善兵衛は高い志と情熱あふれる行動で龍憲のところにワイン造りを教えてもらいに来たのです。土屋家では善兵衛を家に泊めて歓待し、龍憲は知りうる限りの醸造方法を教え、それからは自らも意欲をもってワイン造りに取り組み始めたといいます。

この土屋葡萄酒醸造所で造られた生葡萄酒は、当初は「第一甲斐産葡萄酒」として販売されていました。元気を取り戻した龍憲は、明治26年（1893）には弟の喜市郎を東京に送って薬学校で醸造の研究に当たらせました。当時は甘味葡萄酒、薬用葡萄酒全盛の時代でしたので薬学はワイン造りのための学科でもあったのです。

そして喜市郎とともに、明治28年（1895）6月には甲府市柳町に土屋第二商店を開き、甘味葡萄酒に対抗して甘味生葡萄酒「サフラン葡萄酒」を発売しています。また、明治30年（1897）に入ってからトレードマークをマルキ印にして、マルキ葡萄酒として販売を始めます。さらに販売店として東京に甲斐産葡萄酒商店を設立しましたが、こちらは間もなく閉鎖しています。これとは別に明治31年（1898）には、日本橋区本石町に土屋第三商店を出店しましたが、こちらもすぐに閉鎖されました。とにかく販路が課題だったといえたのです。

明治35年（1902)、甲府の土屋第二商店を閉じ、その跡に土屋合名会社を設立して販売会社としました。そして明治36年（1903）には、ワインの品質向上に取り組むために生葡萄酒の醸造石数を半減し、これを県下のワイン会社にも勧め、優良品の販売を土屋合名会社で行うこととし甲州における葡萄酒のイメージ向上を企画したのです。

さらに、龍憲はワインの醸造販売と並行して、明治28年（1895）休息村（旧、勝沼町休息）の御料地を借り上げ大規模な葡萄畑の開拓を始めています。これも川上善兵衛の影響だと考えられます。これに先立ち、明治27年（1894）には播州葡萄園を訪れ、休息村開拓地用の葡萄苗を購入している記録が残っています。龍憲はこの苗を順次移植していきましたが、明治40年（1907）の大洪水で葡萄園は流失し十余年の苦労が水泡に帰してしまいました。

以後は醸造をやめ、それまで貯蔵していたワインに加え池田浜吉、降矢虎馬之甫などが醸造した品質の高いワインの販売を行うとともに、自園葡萄は甲州葡萄酒株式会社（旧、日之出商店）に譲渡しました。明治38年（1905）５月、龍憲は祝村の村長となり、商売は弟の喜市郎に引き継がれます。

喜市郎が土屋合名会社の社長を務めるようになって、甲府の柳町で甘味葡萄酒の製造も開始しています。喜市郎は醸造一筋の龍憲と違い商才があったといわれ、兄が閉じた土屋醸造所を再建し、大正元年（1912）の販売高は110石と復活しています。龍憲は、昭和15年（1940）８月、81歳でその生涯を閉じています。

宮崎光太郎と

大黒天印甲斐産葡萄酒

宮崎光太郎　*1863～1947*

宮崎光太郎

宮崎光太郎

宮崎光太郎《こうたろう》は、下岩崎村の豪農で酒蔵、生糸商をしていた宮崎市左衛門の一人息子として文久３年（1863）に生まれました。祝村葡萄酒会社によってフランスのワイン研修が募集された際には本人は応募をしたかったようですが、一人息子のうえまだ15歳ということで父親の猛反対にあって応募をやめざるを得なかったといわれています。

髙野正誠、土屋龍憲の二人がフランス研修から帰り、祝村葡萄酒会社で明治12年（1879）秋から始まったワイン造りでは、主にワインの販売分野を担当していたといいます。また、宮崎家からは内田作右衛門らとならび多くの和葡萄（甲州）がワイン用として出荷され、大きな期待を寄せていたことがわかります。

その後、明治14年（1881）１月に祝村葡萄酒会社は株券を発行し最終的には119株１万1900円を集めます。しかし、フランス研修資金3000円を研修費の出資者と県に返還したところで経営が傾き始めます。本格的なワイン造りは明治14年（1881）秋に終了し、15、16年と西洋種の葡萄で少量だけ生産した後に醸造をやめています。

大黒天印甲斐産葡萄酒

土屋兄弟とともに甲斐産商店を開設

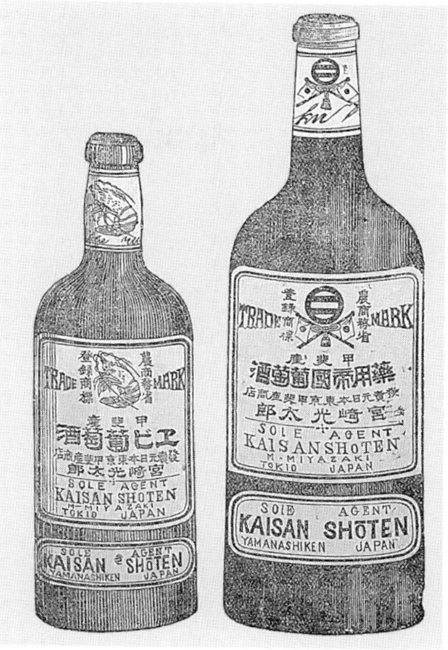

甲斐産商店の甘味葡萄酒

明治19年（1886）１月に大日本山梨葡萄酒会社が解散した後、宮崎は義理の兄の土屋龍憲と龍憲の弟とともに土屋家の日本酒蔵でワイン造りを再開します。しかし、なかなかワインが売れずに在庫がたまる一方だったといいます。３人で議論を重ねるなかでやはり自ら販売することが重要だということになり、明治21年（1888）、東京日本橋区元大坂町に甲斐産商店を開設し、当時人気が出始めていた香竄葡萄酒などの甘味葡萄酒に対抗して、生葡萄酒「甲斐産葡萄酒」を販売し始めました。

しかし、甘みがなく酸味だけが際立った生葡萄酒は消費者に受け入れてもらえず、苦戦を強いられます。製品が悪いのか売り方が悪いのか。やがて宮崎は龍憲との共同事業をやめることになります。もっぱら宮崎が甲斐産商店でこの「甲斐産葡萄酒」の販売を担当していましたので、明治23年（1890）に龍憲との共同事業をやめるにあたっては、この東京の甲斐産商店を宮崎が一手に引き受けます。

宮崎のその後の発展は、この東京の甲斐産商店の経営と明治24年（1891）に販売した「大黒天印甲斐産葡萄酒」のワインブランドにあったといわれています。明治10年（1877）に二人の青年のフランス研修か

軽くて高性能の葡萄圧搾機を改良（シャトー・メルシャンワイン資料館）

ら始まった祝村のワイン造りは、様々なところにその影響を及ぼし拡散してきましたが、その物語やイメージはこの「大黒天印甲斐産葡萄酒」に集約されていったのでした。大黒天ブランドは、七福神の中の大黒天をラベルや広告に共通して使い、帝国医科大学御用など「薬用」をＰＲしたことから人々の評判を呼びました。今で言うブランド戦略です。

また、宮崎は、明治24年（1891）にはこれまで使っていた醸造機材を全て入れ替え、特に圧搾機は従来のフランス製を改良し、軽くて高性能しかも除梗機（葡萄の梗《くま》を取り除く機械）を備えた優れものを開発しています。これもワインの品質を上げることに貢献したといわれています。醸造器機の改良に加え、宮崎はアメリカ系品種などの葡萄の契約栽培にも力を入れ、これを栽培してくれる農家からは高値で葡萄を引き取るなど葡萄栽培者の窮状を救済したという逸話も残っています。そして、明治25年（1892）には祝村の自宅に新たな醸造場「宮崎醸造所」を整備し、明治26年（1893）には500石（９万ℓ）を超す醸造量を誇るまでになり、葡萄の搾りカスを使ったブランデーも醸造しています。

宮崎第二醸造場（現、シャトー・メルシャンワイン資料館）。この場で使われていた明治期以降の醸造器具などを展示している

生葡萄酒から甘味葡萄酒へ

しかし、時代は甘味葡萄酒が市場を席巻している状況にありました。宮崎は東京で販売に関わってきた経験から、この時流に太刀打ちできないことを直感していたといいます。そこで、当初造っていた生葡萄酒に加えこれを原料とした甘味葡萄酒の製造を始めますが、これは大きな経営判断だったと伝えられています。

また、明治36年（1903）には葡萄液の製造にも成功しています。葡萄は搾ったままでビン詰をすると勝手に発酵してビンが割れてしまいますので、発酵させない技術も必要でした。このような苦心の経営の結果、「大黒天印甲斐産葡萄酒」の名声は広く知れ渡っていくのでした。そして、明治37年（1904）には「宮崎第二醸造場」も整備し増産に備えました。醸造したワインは、もちろん「大黒天印甲斐産葡萄酒」として一般に販売するとともに、帝国医科大学や宮内省へと販路を拡大していきました。なお、現在この第二醸造場は、当時の面影を残しながらシャトー・メルシャンワイン資料館として公開されています。

明治40年（1907）代に入ってからは、甘味葡萄酒に比べ生葡萄酒の販売不振は著しく、これはスペインやフランスなどからの輸入ワインの関税が低いのが原因だという声が上がってきました。そして、国産ワイン育成のために、もっと輸入ワインの関税を上げるべきだという請願が、山梨県の甲州葡萄酒醸造同業組合長の宮崎光太郎、甲州葡萄栽培同業組合長の栗原信近からなされ、明治42年（1909）には衆議院、同43年には貴族院で採択されています。

時を同じくして、新潟の川上善兵衛も「葡萄業に関する卑見」をしたため新潟県知事を通して大蔵大臣桂太郎などへ提出し、輸入ワインの税率見直しについて要請をしている状況でした。生葡萄酒の需要がいかに確立されていないかが理解できる出来事といえましょう。

しかし、宮崎の請願は衆議院、貴族院では採択されましたが、実際には関税の引き上げは実行されませんでした。大蔵大臣としては、すぐに採否の決定をすべきでないとしており、法制局としても閣議では大蔵大臣の意見の通り閣議決定すべきとの内容でした。これは、対外的な協定を変更することが困難なことに加え、甘味葡萄酒には造石税がかかっているのに生葡萄酒にはかかっていないことなど、既に税制面で優遇しているとの考え方からでした。

新しいブランドと積極的なＰＲ戦略

明治35年（1902）から、宮崎の甘味葡萄酒は「エビ葡萄酒」「丸二印滋養帝国葡萄酒」「花印スイートワイン」などのブランドで売り出され大人気となり、おかげで経営は一気に上向いていきました。そして、大正元年（1912）には、当時国内最大の561石の生葡萄酒の醸造を行うまでに成長したのでした。

また、明治45年（1912）には、祝村下岩崎で県内初の観光葡萄園「宮光園」を開業。これは翌年の国鉄中央本線の勝沼駅（現、勝沼ぶどう郷駅）開業に合わせ、葡萄狩りとワイナリー見学を同時に行える観光施設として整備したのです。現代の山梨でよく見かける葡萄棚の下にテーブルと椅子を置いてワインを飲むというスタイルは、この時から広まったといわれています。さらに、この宮光園と甲府の名勝御岳昇仙峡の１泊２日の観光ツアーも企画し、より親しみのあるワイナリーとしてのＰＲも欠かさなかったのでした。

大黒天印甲斐産葡萄酒（右）と甲斐産エビ葡萄酒（甲州市教育委員会）

宮崎は新聞広告にも力を注いでいます。最初の「大黒天印甲斐産葡萄酒」ブランドの広告は、明治22年（1889）に掲載され、この広告では、次のような内容の、名だたる医学博士や理学、薬学博士などの権威者の推薦文を載せています。

> 「前略　元来白葡萄酒は赤葡萄酒に比べてまがい品が極めて少ない。私が白葡萄酒を常時飲んでいるのはこのためだ。先年、甲斐産葡萄酒製の葡萄酒を試飲してみたところ、一つは酸が高く、一つは甘すぎ、いずれも常用に適すものではなかったのでその後試すことはなかった。しかし、最近送ってきた甲斐産葡萄酒製の葡萄酒は適度な酸味と佳良の香りがあり、ほとんどフランス製のソーテルンだと思ってしまうくらいだ」（明治22年（1889）、医学博士大澤謙二君品評）

また、同様に明治25年（1892）11月には、大澤謙二博士とほぼ同じ内容で次のような推薦文も前農商務次官前田正名の名前で掲載されています。

「拝啓　日本において葡萄樹を栽培し葡萄酒を醸造するのは国益上大いに嘱望されるものとして、正名は十数年前よりこのために多少配慮してきたこともあって、貴下においても醸造販売ができるようになった。甲斐産葡萄酒においてはこれまで色々と注目してきたところであるが、当初醸造した葡萄酒は酸味が多く腐敗の憂いがあって飲用に供するには大いに失望していた。しかし、昨年よりがぜん改良の跡が見え今日に至ってはほとんどフランス製のソーテルンだと疑ってしまう純良精製であり多年ご苦労が絶えなかったと推察する。このまま益々励めば多くの国益にもつながる」

どちらの推薦文も、宮崎の白葡萄酒を「ソーテルン」のようだと形容しています。「ソーテルン」はソーテルヌのことでボルドー産の極甘口貴腐ワインのことです。この広告を見た消費者は、これまで香竄葡萄酒がつくり上げてきた甘味葡萄酒のことをすぐにイメージしたに違いありません。宮崎もそのことをわかったうえで継続的に広告を掲載していたのでしょう。内容も一貫して「帝国医科大学御用」を謳い文句に医学的評価を前面に出したものでした。これは宮崎が早くから東京に出て販売営業を担当していたからこそ、感じ取れた消費者ニーズだったのです。後に二代目の宮崎光太郎は、明治の正統派葡萄酒造りと甘味葡萄酒について「日本醸造協會雜誌」(昭和43年)で次のように述べています。

「ポートワインは、いわば異端と正統、模造と本格の接点に成立した酒であった。純粋生葡萄酒の市場開拓に苦闘した祝村葡萄酒醸造会社の後身甲斐産商店も、その経営を維持し得たのは、大黒甘味葡萄酒の成功によってであった。(中略)これらの葡萄酒造りの正統を歩む人達の献身的な苦闘は、醸造技術の未熟と、販路開拓の困難

祝村の葡萄園。明治33年の「日本の名勝」（国立国会図書館所蔵）

から、遂に報われることがなかったが、後年、ポートワインの発展を原料面から支える大きな力となった。これとは対照的に、輸入ワインの調合再製に始まった甘味葡萄酒は、国産の原料ワインを支配下におさめつつ、順調な伸長を続け、品質的にも日本独特の新しいタイプの酒として、もはや模造ではなく一つの創造として確固たる地位を占めるに至った」

松本三良と二代目宮崎光太郎

大黒葡萄酒として再スタート

大正２年（1913）、宮崎光太郎の孫である松本良朝（２歳）が宮崎家の養子となり二代目宮崎光太郎を名乗ります。父親は松本三良《さぶろう》、母親は宮崎光太郎の娘なかです。二代目は昭和８年（1933）に東京の大学を卒業して甲斐産商店に入社していますが、甲斐産商店はこの間の大正11年（1922）には国産スパークリングワイン「オーシャン」を発売し、これが後の社名やウイスキーブランドにつながります。

かつての醸造場での作業（甲州市教育委員会）

『三楽50年史』（三楽株式会社社史編纂室、昭和61年）によると、昭和大恐慌で営業不振に至っていた甲斐産商店は、昭和９年（1934）、京都の宝酒造の経営協力を得て株式会社化するため資本金32万円の大黒葡萄酒株式会社に改組し、宝酒造から役員を入れて再スタートを切ります。当時の最大の市場は甘味葡萄酒であり、蜂印香竄葡萄酒、赤玉ポートワインが圧倒的なシェアを占めていました。

そこで大黒葡萄酒は、経済的な１升ビンの甘味葡萄酒を発売してこれを中心に宣伝を強化します。これが功を奏して売り上げが伸び、塩尻工場、白河工場を建設、軽井沢に葡萄園を購入するなど、数年で業績を大きく伸ばしていったのでした。

その後の第二次世界大戦では、ワインに含まれる酒石酸が潜水艦の音波探知機の材料になることがわかり、軍事目的で葡萄酒から酒石酸を採ることになりました。このために他の酒類の製造が制限されるなかで、ワインの生産だけは奨励されたのです。酒石酸の製造は甲府のサドヤ醸造場が有名ですが、勝沼でも昭和19年（1944）に酒石酸を連続して抽出するための日本連抽株式会社が、現在のメルシャン勝沼工場のところに設立されました。この会社の社長には二代目宮崎の父である松本三良が

宮崎光太郎の自宅母屋で、現在は資料館となっている（甲州市教育委員会）

就任します。なお、実際に酒石酸の抽出が行われたのは同年秋の一度だけでした。

戦後になると、アメリカ軍などの駐留もあってウィスキーの需要が一段と増加したため、大黒葡萄酒も甘味葡萄酒に加えて、ウィスキーにも力を入れることになります。昭和21年（1946）には東京工場内に蒸溜酒工場を新設して「オーシャン・ウイスキー」を発売するのです。ちなみに、東京工場は昭和41年（1966）に神奈川県藤沢へと移転し洋酒の専用工場となりました。そして、昭和22年（1947）、ＧＨＱの指示により大黒葡萄酒は宝酒造の傘下から離れ独立を果たします。この年に、明治、大正、昭和の三つの時代に、ワイン造り大黒天ブランドづくりに生涯をかけた初代の宮崎は亡くなりました。85歳でした。

オーシャンから三楽オーシャン、メルシャンへ

また、勝沼の日本連抽株式会社は日清醸造となり、昭和24年（1949）に「メルシャン」ブランドのワインを発売し、大黒葡萄酒では昭和25年（1950）には二代目宮崎光太郎が社長に就任します。二代目宮崎光太郎は、昭和27年（1952）から塩尻工場でウィスキーの原酒を製造し、30年

(1955）には軽井沢工場を建設して本格的にウィスキーの製造を始めます。この時のことを二代目宮崎は、昭和43年（1968）の「日本醸造協會雑誌」で次のように述べています。

「終戦によって一変した社会情勢は、二級ウィスキーというこれもまた日本的な洋酒を、たちまち花形商品とした。昭和31年から36年にいたるウィスキーの急激な成長は、まさにブームと呼ぶにふさわしかった。この時期、ウィスキーの出荷量は４倍近い急増を記録し、ポートワインを追い越して、洋酒の主流となった。（ポートワインは）38年の３万3900klをピークに、衰退の傾向は否定できなくなった。その原因として、ポートワインを成功させたセールスポイント「滋養強壮」が、総合保健薬の氾濫によって色あせ、一見嗜好品でありながら実利を期待する消費を失っていったこと、嗜好飲料としては家庭内でビールやソフトドリンクスの圧倒的攻勢に直面し、浮動的な消費層を奪われていった」

昭和36年（1961)、日清醸造は三楽と合併、大黒葡萄酒はオーシャン株式会社に社名を変更します。翌年には、三楽とオーシャンが合併して三楽オーシャン株式会社となり、この会社が、現在のメルシャン株式会社となっていきます。

この会社の社名がワイン名のメルシャンに変更になったのは、今から30年前の平成２年（1990）ですが、初代宮崎光太郎が会社の社名を甲斐産商店から大黒葡萄酒へと変更したこと、そして二代目宮崎光太郎が大黒葡萄酒をオーシャンへと変更したこと。このいずれもが市場を意識したブランド戦略であり、メルシャンへの社名変更はこの考え方が受け継がれたものといえます。

高野積成の
葡萄畑開拓・ワイン愛飲運動

高野積成　*1846～1909*

高野積成

高野積成《さねしげ》は、弘化３年（1846）２月、山梨県祝村で生まれました。幕末の篤農家だった祖父の影響で幼少時代から葡萄栽培に関わり、文久３年（1863）３月、東京神田の葡萄問屋の招請で下総国《しもうさのくに》船橋村の葡萄樹診断と剪定指導に当たるなど、早くから葡萄栽培の専門家として活躍しています。慶応２年（1866）以来蚕種生産にも取り組み、桑園や養蚕法を改良して近隣に広めました。

高野積成

明治７年（1874）８月、東八代郡で初めての36人繰り機械式製糸工場を新設。後に山梨県勧業御用掛を務め、養蚕と葡萄栽培の普及に尽くしたのです。甲府の県立勧業製糸場は明治７年（1874）10月の開業ですので、積成の製糸工場の方が早く稼働しているのです。

積成は、この製糸工場の経営にとどまらず、富岡製糸場などの視察を重ね、長野県から製糸教師を招いて勉励社という製糸工場の女工を教育する機関をつくっています。明治11年（1878）には332名の修了生を輩出して、県内の製糸場に人材を提供したといいます。また、近隣県や国などにおいて積極的に実技指導などを行い、このネットワークによって更なる技術発展を図っています。この当時から積成は自分一人のことだけでなく、地域や産地、産業の発展のために意を用いていたのでした。

祝村葡萄酒会社から興業社へ

祝村の葡萄酒会社の二人の青年のフランス研修に当たっては、自ら進んで株主となり指導的立場に立ったと伝えられています。そして、明治11年（1878）には、いち早く麻布本町の津田仙から西洋種のイザベラ、アジロンダックなど４種の苗を購入して、祝村で初めての西洋種葡萄の栽培を試みています。

これは高野正誠と土屋龍憲の二人の青年がフランスから帰国後に造る赤ワインを想定して、西洋品種の葡萄を広めようとした取り組みでした。残念ながら、正誠と龍憲のフランス研修時においてはフィロキセラが蔓延しつつあり、ヨーロッパ系品種の葡萄苗は持ち帰ることはできなかったのですが、これに先駆けて、積成は課題であった赤ワイン用の葡萄栽培を進めようとしていたのでした。

さらに明治13年（1880）９月26日、葡萄栽培を組織的に推進しようと積成は興業社を設立します。この興業社には、津田仙、小沢善平などの有名指導者を含め全国の364人が参加しています。そして、明治14年（1881）には、興業社の社員は１府７県で420人にまで拡大し、開拓使の東京官園や内務省の三田育種場、津田仙の学農社、小沢善平の撰種園から３万8000本の苗を調達して、山梨県下各村や近隣府県の有志に分配し栽培を奨励しました。また、勧業寮や開拓使に加え三田農具製作所などとも絶えず連絡を取り、明治政府や県と一体となって勧業を進めてきたのが興業社でした。

大日本山梨葡萄酒会社では、当初はこれまで地元で栽培されていた甲州葡萄でワインを醸造していましたが、明治15年（1882）から16年にかけては西洋品種の葡萄により28石４斗（5112ℓ）のワインを醸造しています。同社における明治14年（1881）の西洋品種葡萄の買い入れ193貫目（724kg）のうち、積成は57貫目（214kg）を出荷してトップとなっています。興業社のこの西洋品種葡萄の普及運動なくしては、明治の葡萄栽培の発展はなかったともいわれています。

全財産を投入し、野州葡萄酒会社に参加

明治15年（1882）、栃木県では２代目県令となった藤川為親の呼びかけで野州葡萄酒会社が設立されました。この年には、山梨県から農商務省に移った桂二郎が『葡萄栽培新書』を刊行しており、同書巻頭の推薦文は、当時の鹿児島県令である渡邉千秋が書いていますが、栃木の藤川県令は、山梨の取り組みに加え、各地の葡萄畑開拓の動きに触発されたのだと考えられます。

『葡萄栽培新書』の刊行にあたり、桂二郎が高野積成に送った手紙には「日本は古来、水田ばかり尊び、米麦中心の農業家ばかり育っているので、もっと西洋風な果物思想に徹した者を育てなければだめだ」と強調しています。『葡萄栽培新書』の挿絵に「欧州葡萄園の景」（35ページ）がありますが、日本においてもこのように山裾まで葡萄栽培を行うことを、桂はイメージしていたのです。

この野州葡萄酒会社の設立趣意書には、ワイン醸造が山梨県人に独占されていることを憂い、次のような内容が書かれています。

「我が国の葡萄栽培は山梨県下祝村の葡萄園が全国的に有名だが３町歩（３ha）に過ぎない。維新後葡萄酒の輸入が増加し、既に30万円の多額に及ぶ。祝村の有志が葡萄酒醸造の業を興そうとして生徒二人を仏蘭西（フランス）に派遣し、明治12年（1879）の秋に帰国し醸造に従事した。其の利益は米麦桑田の倍である。これを山梨県人に占有されている状況。このため祝村の有志と相諮り、今般野

州芳賀に於いて開墾地50町歩を買い求め葡萄園を開き、葡萄酒を醸造する」

この会社は、本社を栃木県の下野《しもつけ》国芳賀郡粕田《かすだ》村に、出張所を東京都の深川区富岡門町49番地に置いています。その事業計画では、一株70円で500株、計３万5000円の設立資金を集め、48haの荒れ地を開墾。10年目には、５万本の葡萄の樹を植樹して葡萄９万貫目（337ｔ）を収穫し、葡萄酒720石（12万9600ℓ）、ブランデー108石（１万9440ℓ）の生産を目指していたといいますから、国が設置した播州葡萄園に匹敵する規模でした。

発起人筆頭の戸田忠友は宇都宮藩第７代藩主で、明治になってから第１代の宇都宮藩知事を務めていました。そして、この葡萄酒会社へは発起人として祝村の雨宮彦兵衛、高野積成、東京の小野金六が参加しているのです。当時、山梨の第十銀行東京支店長をしていた小野金六に栃木県令から話があり、葡萄栽培のスペシャリストであった雨宮彦兵衛、高野積成に白羽の矢が立ったのかもしれません。

積成は、明治13年（1880）には葡萄栽培を組織的に推進する興業社を設立していたことに加え、明治14年（1881）を最後に、祝村の大日本山梨葡萄酒会社の実質的なワイン醸造がストップしてしまったことから、栃木県令の誘いに応じたのでしょう。なお、この葡萄酒会社には、先に述べたように醸造人として土屋龍憲も参加しています。

明治26年（1893）にまとめられた「山梨蚕業家略伝」（小林喜太郎）によると、積成は明治13年12月に山梨県の勧業用掛を命ぜられましたが、明治16年（1883）２月に勧業用掛を辞して藤川栃木県令の依頼により野州葡萄酒会社の170株を取得し、その権利として48haの３分の１に当たる17haの開墾地を取得しています。この額は実に１万2000円であり、このために山梨の全財産を整理し、家族とともに粕田村に移住して葡萄栽培を行ったといいます。ちなみに、明治16年に政府が公表した中等な家族４、５人の暮らしに必要な金額は、１年間で120円。ですから、これを現在の一世帯当たりの平均所得550万円で比較すると、当時の1万2000円は現代の5億円程度になると推計できます。

明治15年（1882）当時の松方正義の近代化政策を考えると、甲州財閥が行った電気、鉄道への投資が普通ですが、前田正名が主張する地域産業の育成、つまり、なんとか葡萄で日本の国隅々まで潤したいという積成の必死な思いが伝わってくる金額です。しかし、藤川栃木県令は足尾銅山の鉱毒事件問題で責任を取らされ、明治16年（1883）10月に島根県へ転任させられてしまいました。

その後は、県の支えがなくなり事業の実施に多くの障害が出たため、積成は数年の内に投資した資金を委棄して栃木から山梨に戻ったといいます。ただし、川上善兵衛の記録では、明治20年から23年の間に善兵衛は積成の紹介で野州葡萄酒会社に訪れているという記録がありますので、会社はこのころまで存続していたと考えられます。

高野積成の葡萄畑開拓運動

積成は全財産を委棄しての帰郷でした。祝村の家や製糸工場は廃墟のようだったとの記録があります。この時積成を救ってくれたのは、県内の製糸工場の仲間でした。技術指導や女工の教育など、仲間とともに製糸産業を育ててきた積成の人柄によるものでしょう。「山梨蚕業家略伝」（小林喜太郎）によると、積成は前田平右衛門、古屋逸斉、雨宮興作などの協力により製糸工場を建て直し、明治18年（1885）には東山梨、東八代の繭製糸共進会の生糸審査員を命じられるまでに復活しているのです。

ここから積成の葡萄、ワインにかける情熱を実現する様々な活動が始まります。再度生糸で得た利益を葡萄園づくりに注ぎ込んでいくのでした。

同時期、髙野正誠も『葡萄三説』に基づき「一大葡萄園開設費資金募集」の全国講演を行いましたが、次第に立ち消えていったところでした。上野晴朗氏によると、もともと積成は１府７県に400人以上の社員がいる興業社を設立していたため、ここでのネットワークを活かして各地に葡萄園づくりを進めることができたといいます。

明治23年（1890）３月には、富士山麓中野村（現、山中湖村）に自社の葡萄苗を持ち込み、試験栽培に成功しています。明治26年（1893）には、箱根の仙石原の原野に一大葡萄郷構想を描き、地元の人たちと協力し、明治29年（1896）までに相当に試験栽培が進んだと伝えられていますが、明治32年（1899）の台風で壊滅状況になってしまいました。

また、明治28年（1895）３月には一宮町大積寺《だいじゃくじ》（現、笛吹市）の御料林、４月には初鹿野村焼山（現、甲州市）の御料林の開拓願い出を行い、明治31年（1898）には、藤井の京戸山（現、甲州市）、江曽原旧永昌院（現、山梨市）の裏山５里の開墾を着想、実現に向けて奔走しているのです。交通機関も発達していないなかで、その情熱は信じられないくらいの熱量でした。

このような動きに同調するように、時を同じくして日本各地で葡萄園の大規模開発が進められています。明治20年（1887）には、新潟県中頸城郡の川上善兵衛が積成のところで葡萄栽培を学び、岩の原葡萄園を起業して山林21.3haを開墾。明治24年（1891）にはワインの醸造を始めています。また、明治22年（1889）には、小沢善平が群馬県妙義山（妙義町大字諸戸）官有地の払い下げを受け、妙義山葡萄園を開拓し始めました。さらに、明治28年（1895）には、土屋龍憲が休息村内の御料地を借り受け、葡萄園として開拓を始めています。

明治30年（1897）、浅草の神谷バーで成功した神谷傳兵衛は、茨城県稲敷郡岡田村（現、牛久市）の原野23haを開墾。明治31年（1898）には、フランスから取り寄せた葡萄苗木6000本を移植し神谷葡萄園を開園しました。

明治37年（1904）には、東京四谷霞岳町17番地の小山新介が、山梨県登美村（現、甲斐市、旧、双葉町）の官有地150haを5900円で払い下げを受け、明治43年（1910）に開拓を進めているのです。その後、明治45

年（1912）には、「小山葡萄園」が完成。デラウェア、ナイアガラなどの栽培を開始して、一部ではワインの試験醸造も行い大正２年（1913）12月には、この地に大日本葡萄酒株式会社が発足したのです。

この会社は、ドイツのワイン学校へ留学した桂二郎の仲介によって、大正元年（1912）に葡萄栽培と醸造施設の指導者としてドイツ人技師ハインリッヒ・ハムを招聘して、ヨーロッパ系品種の葡萄への植え替えを始めます。その後、新潟の川上善兵衛の紹介で、昭和11年（1936）には株式会社寿屋山梨農場（現、サントリー登美の丘ワイナリー）となるのでした。

甲州葡萄酒株式会社の開業

明治20年（1887）代、山梨県内御料林や箱根仙石原などで葡萄畑の開拓を進めていた積成。失敗を繰り返しながら少しずつ葡萄栽培の面積は広がってきました。そこで今度は、その葡萄をワインにするため、明治30年（1897）にはワイン醸造会社の設立に向けて動き始めたのです。

積成は、まず山梨の衆議院議員である加賀美嘉兵衛、浅尾長慶らと協議し、甲府でワインを試醸します。そしてそのワインを蜂須賀貴族院議長、鳩山衆議院議長に試飲してもらい、それぞれから賞讃を得たうえでワイン醸造会社の発起認可願いを提出するのです。明治30年12月９日のことでした。この設立段階での会社の名称は「山梨葡萄酒醸造株式会社」でしたが、その後「甲州葡萄酒株式会社」に社名変更しています。

「山梨県を潤すのは葡萄とワイン」との熱い演説

明治31年（1898）、発起認可願いが認められると、同年１月22日に発起人総会を開催し、高野積成、加賀美嘉兵衛、浅尾長慶の３名を創立委員とします。明治29年（1896）12月には国鉄中央線の笹子トンネル工事が着工しており、甲府では明治36年（1903）の中央線開通を目前としていた時期でした。

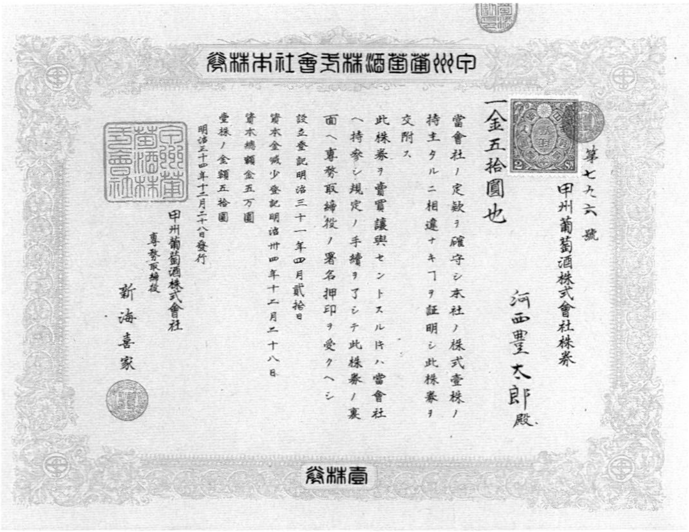
甲州葡萄酒株式會社株券

第七九六號

甲州葡萄酒株式會社株券

河西豐太郎殿

一金五拾圓也

當會社ノ定款ヲ確守シ本社ノ株式壹株ノ持主タルニ相違ナキ事ヲ證明シ此株券ヲ交附ス

此株券ヲ賣買讓與セントスル時ハ當會社ヘ持參シ規定ノ手續ヲ了シテ此株券ノ裏面ヘ專務取締役ノ署名押印ヲ受クヘシ

設立登記明治三十一年四月貳拾日

資本金減少登記明治卅四年十二月二十八日

資本總額金五万圓

壹株ノ金額五拾圓

明治三十四年十二月二十八日發行

甲州葡萄酒株式會社

專務取締役

新海喜家

壹株券

甲州葡萄酒株式会社の株券表。当時、日本の最大のワイナリーだった

発起人総会の時、積成は自身のこれまでの葡萄栽培の取り組みを総括しながら、「山梨県を潤すのは葡萄とワインだ」という演説を行っています。この時の熱い演説は、明治31年（1898）６月の「果物雑誌」に次のような内容で記録されています。

「嗚呼、我が親愛なる葡萄樹よ。暫らく積成の言葉を聞け。多年私が汝《なんじ》を厚く愛することは祖父の教育により汝の栽培に従事したことによる。（中略）今日の山梨県は昔の比ではなく、中央鉄道の工事も日一日と進行し、外人と内地が雑居する期も切迫し、実に前途多事。そのため、戦後（日清戦争後）の経営として、県民はこれに対する準備を実地に講ずる千載一遇の時なり」

「この貴重な時に際し、汝（葡萄樹）の性質に疑いを生ずるは国家の不祥より大きいこと。（中略）山梨県を富ますも汝葡萄なり。汝と山梨県とは実に一刻も離れてはいけない。今ここに山梨葡萄酒醸造株式会社を設立するのも、汝が名声を博し山梨県を富強させるために外ならないことを知るべきだ（中略）汝を栽植する地は、山林原野を問わず良果を結び栽培者を利し、美酒と成って醸造者を益せよ」

２月18日、太田町望仙閣で創業総会を開催し、取締役に浅尾長慶《ながよし》、雨宮廣光（旧、大日本山梨葡萄酒会社社長）、秋山喜蔵、新海喜家、荻野元兵衛、監査役に西川重豊、加賀美幹次郎、雨宮彌右衛門を選出しています。取締役会の結果、代表の専務取締役は浅尾長慶となりました。

３月８日、設立免許を申請し、４月20日、農商務大臣より設立許可の指令があります。資本金は８万円、株式は一株20円で4000株でした。５月１日、甲府市錦町18番地の加賀美嘉兵衛が所有する敷地484.5坪を借り入れて本社とします。ここでは、加賀美が所有する70坪の倉庫を増築して醸造場と貯蔵場にし、事務所とブランデー醸造の窯場などを新築して合計109坪の建物でワイン造りのスタートを切ります。この甲府市錦町18番地は県立勧業製糸場跡地で、火災のあとの明治17年（1884）に加賀美嘉兵衛らが払い下げを受けた土地で、現在は古名屋ホテルなどが建つ場所です。

６月30日、東八代郡祝村に出張所と醸造場を設置して、７月15日に山梨葡萄酒醸造株式会社は開業します。しかし、同年は葡萄の不作で、醸造目標500石のところ363.58石しか醸造できなかったため、山葡萄も集め4.73石を追加醸造したのでした。さらに粕取りブランデー1.93石も醸造しています。また、11月30日には混成葡萄酒（甘味葡萄酒）製造の免許を松本税務管理局へ提出して12月５日に許可を受けています。

翌32年（1899）の７月28日には、祝村醸造場に加え東八代郡一櫻《いちおう》村（現、笛吹市一宮町）に出張所を設け醸造場に充てました。８月13日には新商法施行に伴い臨時総会を開催して定款の変更を行い、名称を「甲州葡萄酒株式会社」としています。この年はワイン623.2石、粕取り蒸溜酒4.15石を醸造しており、この623.2石は当時国内最大の醸造石数でした。

そして、明治33年（1900）には、販売を強化するため大阪出張所を設置するとともに、東山梨郡中牧《なかまき》村（現、山梨市牧丘町）にも醸造場を設置しています。これで醸造場は、甲府、祝村、一櫻村、中牧村の４か所となりました。

翌34年（1901）３月には、日本橋に東京支店を設置し５月24日から営業を開始します。東京での取引店は103店でした。５月10日には、大阪出張所を大阪支店に格上げし、大阪での販売に注力し始めます。本社の取引店は110か所で45店増加。大阪支店では20店の取引先が増加しています。営業報告書によると、甲州葡萄酒株式会社のワインの真価は各地の病院において認知され始め、軍隊でも横須賀・呉・佐世保の鎮守府軍艦、東京・名古屋などの陸軍で続々と使用され始めたとのことです。

甲州葡萄酒の広告。明治34年の山梨時報

販売量が伸びず規模縮小、醸造休止へ

しかし、一般の販売量は思うように伸びず、明治34年（1901）秋には古酒で本社貯蔵場が満たされ、規模を縮小して祝村醸造場で500石を醸造するのみとなりました。このため同年12月17日に臨時総会を開き、資本金を５万円（１株50円1000株）に減額しています。この時高野積成は100株を手放していますが、次のステップとして、この資金をもとに後

述する富士葡萄業伝習所の開設に向けて奔走していったのでしょう。

この窮地を乗り切るため、明治35年（1902）１月30日の総会で堀内良平が社長に就任し様々な改革を始めます。堀内良平は富士急行の創業者で、加賀美嘉兵衛が塾長を務めた私塾・成器舎（南八代村）の同門であったことから、経営立て直しを任されたと考えられます。堀内は、すぐに東京の歌舞伎座で役者が葡萄酒割引券を配付するなどのＰＲを始めます。また、花見の期間中には、向島に臨時販売店を設置しコップ販売を行うなどワインの販路拡大にも努めました。

さらに、内務省衛生試験所へ白赤ワインの試験を出願し５月31日には日本薬局方試験に合格しています。この合格証である封かんをビンに貼り、日本製のワインでこの試験に合格するものは他にないとのＰＲも始めました。また、２月18日にはワインの定価を約１割値上するとともに、経営の合理化にも乗り出します。６月28日には東京支店を休業閉鎖し、東京製薬を関東代理店として国分等と特約店契約を結んでいます。

７月１日には東京神田に倉庫一棟を借り入れワイン貯蔵場とビン詰場とし、７月４日、東京製薬、国分勘兵衛、鈴木恒吉、川井敬二郎、日比野房吉と名古屋から東のワイン特約一手販売の契約を結びます。９月16日には横須賀に特約店も確保して、横浜グランドホテル等で同社のワインが使用され始めます。また、12月20日には、横浜居留地の商社を輸出代理店とし、南アフリカにサンプル20ダースを輸出するなど営業に力を注いでいきました。

また、この年の10月にはサンフランシスコのクリンボーイ合名会社でスパークリングワイン製造の技師長をしていた品川佐一郎を招聘して、ワインの品質向上にもさらに力を注ごうとしていました。品川は明治18年（1885）から22年までアメリカで葡萄栽培とワイン醸造に従事していた経験を持っています。

しかし、甘味葡萄酒以外の生葡萄酒の販売は芳しくなく、「本社貯蔵の葡萄酒は倉庫に充満し、祝村に於いては倉庫を借り入れ貯蔵する始末」と営業報告書に記載されています。そして、「本年は雨量が多く純良酒を得るのは難しい」と判断し、明治35年（1902）の醸造は休止しているのです。この年、甲府本社の取引店は27店減の83店となってしまいました。その後も醸造を休止し、もっぱら在庫や他の醸造家のワインの委託販売や購入販売などを行い、明治40年（1907）には資本を使い果たしやがて解散していったといいます。

東洋葡萄酒株式会社からサドヤ醸造場へ

明治38年（1905）５月、甲州葡萄酒株式会社の醸造所内に、三井尚治、角田為若などの有志14名が1400円を供出して山梨葡萄酒試験所を設置します。この試験所では、薬学博士の下山順一郎氏及び東京税務監督局技手の尾澤孝光氏の指導の下、ワインの品質向上に取り組んだのです。なお、下山順一郎博士は、土屋龍憲の弟喜市郎が、明治28年（1895）から東京の薬学校で醸造を学んだ時の恩師でもあります。

そして明治39年（1906）９月、この葡萄酒試験所を核に大木財閥の大木喬命を社長として東洋葡萄酒株式会社を設立し、本格的なワイン醸造を復活させました。このころは既に甲州葡萄酒株式会社は醸造を停止していて、実質的に東洋葡萄酒株式会社が甲州葡萄酒株式会社を引き継ぐ形になっていました。その後、東洋葡萄酒株式会社は、明治40年（1907）には甲府市相川村古府中に1200坪の敷地を購入して醸造場を新設し、同所に事務所と醸造設備を移設します。ここは現在のサドヤ醸造場の場所です。

明治39年（1906）、同社の生産は、生葡萄酒200石（３万6000ℓ）、スイートワイン20石（3600ℓ）、スパークリングワイン２石（360ℓ）でした。翌年の明治40年（1907）にも、生葡萄酒120石（２万1600ℓ）、スイートワイン30石（5400ℓ）、スパークリングワイン２石を醸造し、順調にスタートを切ったかに見えました。そして翌年８月、資本金を３万5000円に増額しましたが、この年の山梨県内の大水害による不況の影響で、42年（1909）５月に解散してしまいました。

サドヤ醸造場の
地下タンク

２年後、この東洋葡萄酒株式会社を譲り受けた藤波倫は、内藤圓次郎を補助者として、明治44年（1911）３月に葡萄酒などの製造免許を受けて醸造を始めようとしますが、やはり軌道に乗せることができず、大正時代に入って再び銀行の抵当に入っていきます。これを譲り受け引き継いだのが、今井精三でした。こうして、大正６年（1917）甲府市にサドヤ醸造場が創業するのです。創業者の今井精三は、実は以前からワインに興味を持ち、甲州葡萄酒株式会社に資本参加していました。株主名簿が残っている明治34年（1901）、明治35年（1902）には20株を所有しています。また、26株を所有する今井彌一郎は精三の祖父でした。

振り返ると、明治３年（1870）、今のサドヤ醸造場のすぐ近く、甲府市広庭町で山田宥教と詫間憲久が日本で初めてのワインを造り始め、それが山梨県立葡萄酒醸造所に吸収されながら勝沼の大日本山梨葡萄酒会

かつてサドヤ醸造場で使われていた樽貯蔵室

社に伝わり、その流れを受けた高野積成が県下各地で葡萄畑を広げ、明治30年（1897）に甲府市錦町18番地で甲州葡萄酒株式会社を設立。それが今のサドヤ醸造場につながっているのです。

奇しくも現在は、甲州葡萄酒株式会社があった旧錦町18番地に位置する古名屋ホテルが、サドヤ醸造場の経営を担っています。ここには、「葡萄とワインは国家を潤す」という高野積成の強い志がつないだ縁を感じます。

葡萄酒愛飲運動と富士葡萄業伝習所構想

葡萄酒飲用期成同盟会を設立

甲州葡萄酒株式会社を設立した積成は、明治32年（1899）、「葡萄酒飲用期成同盟会」を設立しています。この組織は、国産ワインの消費拡大を訴える組織であり、定めには「滋養強壮及び自家用飲料には自国の葡萄酒を飲用する事」「自国葡萄酒飲用者並に原料栽培者にできるだけ便宜を与える事」などが規定されています。積成は、葡萄やワインを生産している地域の人たち自らが意識して国産ワインを飲まないと愛飲運動は広がらない、どうしたら生葡萄酒が売れるのか日本酒を飲みながら議論するのではいけないと考えたのでした。

この流れに影響を受けるようなかたちで、明治34年（1901）、山梨県東八代郡では日之出商店が発足します。もともと日之出商店は、葡萄価格の低落に対し、葡萄生産農家が自分たちでワイン醸造に乗り出すことで、葡萄価格の安定化に取り組もうとして設立された会社で、この会社でも、冠婚葬祭はもちろん日常の飲用にも他の酒の飲用を排し必ずワインを飲用することを決議したのでした。

今日まで、同じような取り組みは何度も繰り返されていますが、そのスタートは明治に始まった「葡萄酒飲用期成同盟会」だったのです。これらの動きを契機として、勝沼では葡萄酒の愛飲運動が始まり、「一升ビンのワインを湯呑茶碗で飲む」という風習が生まれていきました。

葡萄栽培、ワイン醸造の人材育成へ

積成の明治33年（1900）５月の備忘録には、先に述べた桂二郎との会話に加え、近衛公爵と面会して「我が国の原野を開拓する方法は葡萄学校が最も良い。実業に熟練している外国人１、２名を雇い生徒に教える読書授業は大学生に既に行っている。この際、直に農科大学卒業生と札幌農学校卒業生の内から果物思想のある者を選び、３か年間実業を研究するためにフランス、ドイツへ留学させれば必ず覚えて帰る」と言われたことがメモされています。

重要なのは、葡萄を栽培するのも人材。ワインを醸造するのも人材。高野積成は二郎や近衛公爵の言葉に触発され、明治37年（1904）には、日本果実会の「果物雑誌」に「富士葡萄業伝習所開設」について寄稿しています。葡萄栽培とワイン醸造が一体となった富士葡萄業伝習所について、積成は次のように主張しています。

「日本帝国の田舎は、農務統計表に依れば、農地の利用面積は百分の二十五強だという。故に各府県のいたるところに、傾斜地、砂礫地、荒蕪地がある。この不毛の場所は葡萄栽培に最も適当な地盤だ。このように各地に適地があるのに、葡萄栽培に尽力する者がいないのはどういうことか。それは他でもない、この業の学力が不備であるのと、実験上の経験がないことが第一の原因だ。だから、我国において葡萄業の伝習所建設が必要で、国家経済上最も急務の事業と信じている。ゆえに私は共に富士葡萄業伝習所を設立し、各府県より生徒を募集し、短期間で各学科を卒業させて、各生徒が帰郷した後は速かに不毛の地盤を開拓し、葡萄を栽培のうえ良果を獲て葡萄酒醸造を行い、全国いたるところ葡萄の美酒を産出し、一般の飲料として供給する事を期待する」

「本伝習所の規模は、計画が進むに従ってその区域を拡張していく。今仮に毎年五十人の生徒を卒業させるとすると、十カ年間で五百人、一人に付き原野三町歩を開墾して葡萄栽培をすると千五百町歩、この収穫は四百五十万貫（一反歩で三百貫）この葡萄酒は五万四千石（果実一貫に付き酒一升二合）うち貯蔵減は九千石（満三年貯蔵）で正味の葡萄酒は四万五千石である。この価格は百八十万円（但し一石に付き四十円）。実に五百人の生徒が実業より百八十万円の物産を製造し、加えてこれだけでなくその地方地方の農家がこれを見習って、競って荒蕪原野を開拓し、葡萄栽培に従事したら年々歳々億万円の葡萄酒を生産すること、全く容易の事業と推考できる」

「葡萄は国家を潤す」。フランスやドイツと比べ国土面積や人口はそれ程変わらないのに、日本の国力が足りないのは荒廃地を活用していないからであり、そして、その原因は葡萄栽培やワイン醸造に関する知識が不足していることにあると積成は主張しているのです。これは、積成が一貫して持っている持論であり、師と仰ぐ桂二郎から受け継いだ考え方で前田正名の主張でもあります。

そのために、人材育成の伝習所を建設しようとしたのでした。「果物雑誌」の同号には、富士葡萄業伝習所の設立規則まで記載されています。そこには「本所を山梨県南都留郡富士裾野便宜の地に設置する」とされており、その他「甲斐国東八代郡祝村、同郡御代咲村《みよさきむら》（現、笛吹市御坂町《みさかちょう》）において教授する」としているのです。

残念ながらこの伝習所が設立された記録は見当たらず、積成は明治42年（1909）８月、63歳の生涯を終えました。

「ワイン用葡萄栽培」「ワイン醸造」「ワイン愛飲運動」、そして「ワイン人材育成」。明治政府が中断したこの４点の取り組みを、積成は30年間民間で行ってきたといえます。規模やレベルこそ違え、この４点は、日本にワイン文化を確立するための現在にも共通する課題です。同時期の甲州財閥が、東京中心、近代化という時流のもとに電力や鉄道などに目を向けたのに対し、積成は、これらのワイン造りの取り組みや国産ワインの愛飲運動など、現代でいう地方創生、地域振興に生涯をかけてきたといえるのです。

神谷傳兵衛と近藤利兵衛の蜂印香竄葡萄酒

神谷傳兵衛　*1856 ～ 1922*
近藤利兵衛　*1860 ～ 1919*

二人三脚で明治のワイン市場を牽引

蜂印香竄《こうざん》葡萄酒。これは明治のワインを語る場合、避けて通れないワインです。明治の人々の味覚は、ワインに甘さを求めていました。また、疫病が治まらないなかで健康、滋養強壮が大きなニーズでした。そしてもう一つ、原料に外国のバルクワイン（原料ワイン）を使うことになんのためらいもない時代だったのでした。

これらの時代をストレートに表現したのが、浅草で神谷バーを開き洋酒のグラス売りをして大成功を収めた神谷傳兵衛《でんべえ》の蜂印香竄葡萄酒でした。そして、この神谷を語る時の言葉に、「神谷を語ろうとする時には近藤を語らなければならない。近藤を語る時には神谷を切り離して語ることはできない」といわれるくらい、神谷傳兵衛と近藤利兵衛《りへえ》は、二人三脚で明治のワイン市場を香竄葡萄酒で牽引してきたのでした。

傳兵衛と近藤については、日統社編輯部著『神谷傳兵衛と近藤利兵衛』（1833）に自叙伝風に記録されていますので、これらを参考にしながら二人の活躍を示してみたいと思います。

神谷傳兵衛

神谷傳兵衛

傳兵衛は安政3年（1856）三河国松本島村（現、愛知県西尾市一色町）で父神谷兵助の六男として生まれました。幼少の頃は松太郎と呼ばれており、姉の嫁ぎ先の知多には酒蔵が多かったため、13歳くらいのころから酒蔵のフカシ（蒸かした酒米）を集めて菓子屋に売るなどの商売をしていたとのことです。この時傳兵衛は、いずれ自分も酒の商売をしたいと思ったそうです。15歳になると名古屋に出て、綿や米穀の取引商をして横浜に出る資金を貯めます。

日本人の口に合う甘味葡萄酒を完成

横浜では、運送店の小僧などをしながら外国人居留地でフレッレ商会というフランス人の経営する洋酒の酒屋に勤めることができました。傳兵衛は、ここで初めて洋酒を知って「将来必ずこれらの酒は日本に広まっていくに違いない」と考えるようになったといいます。

明治9年（1876）、傳兵衛が19歳の時に急にはなはだしい腹痛に苦しんで病床についたことがありましたが、主人から赤い酒を飲ませてもらい、徐々に快復したという話があります。これが傳兵衛が香竄葡萄酒を開発した動機と伝えられています。この赤い酒はフランスの薬用葡萄酒だったかもしれません。その後、東京麻布の天野という酒屋に奉公することになり、大八車を引いて行商をしながら神田の漢学塾に通って勉学にも励んだそうです。

このような苦労をしながら資金を蓄え、明治13年（1880）になると浅草雷門の近くに酒の一杯売りをする「みかはや銘酒店」（現、神谷バー）を開店します。このやり方はお客さんに受けて店は繁盛していきます。

この時、当時高価だった輸入ワインを仕入れてお客さんに提供してみますが、ワインの渋味や酸味が口に合わずにほとんど売れなかったといいます。そこで、傳兵衛はこのワインを何とかして日本人の口に合うようにしたいと考え、日夜改良に励んだのです。

それから1年後、ついに甘さを加えるなどして多くの人々の口に合う甘味葡萄酒を完成させたのです。明治14年（1881）のことで、これが日本で初めての甘味葡萄酒といわれています。そのころの洋酒はほとんどが外国のアルコールをベースにした模造洋酒でしたので、傳兵衛のように本物のワインをベースにしたものは初めてだったのです。ちょうど傳兵衛26歳の時のことでした。

ちなみに、明治15年（1882）に傳兵衛は速成ブランデーを開発しています。これは輸入したアルコールを原料として、薬草などを漬け込んだものでしたが、これが当時流行したコレラの予防に効果があると噂になり大いに売れたといわれています。この速成ブランデーが明治26年（1893）の電気ブランを生み出すのです。こちらは輸入ブランデーに、ワイン、ジン、ベルモットなどをブレンドした酒で、神谷バーでの看板メニューとなりました。

傳兵衛が甘味葡萄酒の開発に成功したころ日本橋で酒屋を営んでいた近藤利兵衛との出会いがあり、その後香竄葡萄酒は蜂印のブランドで販路を拡大して行くのでした。それから10年、傳兵衛が35歳になったころには東京醸造会の第一人者となっていました。傳兵衛はこの時、海外のアルコールを輸入してつくる模造洋酒に対して課税をすべきとの酒税法改正を国に要望し、これが実現して何が使われているかわからなかった模造洋酒の撃退につながりました。

その後、傳兵衛はこのアルコール自体の精製を日本で行おうと考え、北海道の馬鈴薯を使いこれに成功して会社を大きくしていくのでした。明治33年（1900）、旭川に開設したこの日本酒精株式会社は規模を拡大し、後に合同酒精株式会社の旭川工場となっていきます。しかし、この取り組みの延長線上に、外国ワイン、特にバルクで購入しているワイン

牛久醸造場誕生時の視察者などと葡萄園。背後に醸造場（オエノングループ）

の問題も顕在化してくるのでした。傳兵衛の香竄葡萄酒にしてもベースはフランスやスペインのワインが使われていて、将来的には何としても葡萄酒の国内醸造ができないものかと考えるようになったのです。

牛久醸造場とヨーロッパ系品種でのワイン造り

そのためには、何といっても本格的ワイン醸造の技術が必要になってきました。この時傳兵衛は、婿養子に小林伝蔵を迎えますが、なんと娘との結婚式の後わずか３日後にフランス、ボルドーのデュボワ照会のカルボンブラン村醸造場に派遣し、３年もの間実習させたのでした。伝蔵は、ここで葡萄栽培の方法や醸造の仕方などを習得し、明治31年（1898）３月にボルドーの葡萄苗6000本を持って帰国します。

伝蔵はこの苗をまず東京郊外の大久保村（現、新宿区）に移植しました。そして、茨城の岡田村（現、牛久《うしく》市）に広大な原野を購入し、23haの開墾を進め順次大久保の葡萄苗を移植します。その後、フラン

牛久醸造場で本格的なワイン造りの操業（オエノングループ）

スボルドー式ワイナリーの建設、最新式醸造器機の輸入など総工費３万円で醸造所の整備を行い、明治36年（1903）には傳兵衛の夢であった本格的なワイナリー牛久醸造場（現、牛久シャトー）が開設されます。

生産高はわずかに300石から400石といわれ、設備投資から考えると利子にも満たない額だと言われたといいます。しかし、傳兵衛はこのワイナリーでヨーロッパ系品種の葡萄でのワイン造りにチャレンジし、イギリスやフランスでのワインコンクールで数々の賞を受賞しその夢を果たしたのでした。

一方ビジネスでは、大正８年（1919）12月に神谷酒造合資会社を日本旭酒造株式会社と合併して株式会社化しています。神谷酒造株式会社は資本金1000万円の大会社となったのです。また、傳兵衛はアルコール精製などの国家的な事業を中心に60余りの会社を興し、常に日本経済全体のことを考えてきたといいます。牛久シャトーについても、傳兵衛にとっては日本のワインを世界に発信する国家的事業だったのかもしれません。傳兵衛は、シャトーの完成から20年を過ぎた大正11年（1922）、66歳でその生涯を閉じました。

近藤利兵衛

近藤は、安政6年（1859）に東京の四谷忍町の松熊林蔵の三男に生まれました。幼名を岩吉といい、寺子屋を出て日本橋の砂糖問屋百足《むかで》屋に奉公して、4、5年経った20歳のころ、近くで酒屋を営んでいた近藤利兵衛のところに養子に入ったのでした。近藤は父の利兵衛の信頼が厚く仕事を一手に引き継いでいたといいます。

傳兵衛の甘味葡萄酒を仕入れて販売

明治14年（1881）のころ、この酒屋に居候をしていた大蔵省の香取進之助という人物がいましたが、この香取が非常に大酒飲みで、浅草界隈をぶらぶらしていた時に甘い葡萄酒に出会ったといいます。これが酒の一杯売りをしていた傳兵衛の甘味葡萄酒でした。香取からこの話を聞いて、さっそく近藤は傳兵衛の甘味葡萄酒を取り寄せて試してみたところ、これまでの外国産の葡萄酒と大きく違い、これなら売れると確信したといいます。当時、傳兵衛は25、26歳、近藤は22、23歳でした。近藤が傳兵衛の甘味葡萄酒を仕入れて販売する形が始まったのでした。

同じ年代の二人は意気投合して、近藤は一層この甘味葡萄酒を販売したといいます。そして、明治19年（1886）になると、近藤は今まで扱ってきた酒類を全てそっちのけでこの甘味葡萄酒を販売するようになり、販売を一手に引き受けるようになりました。

近藤はこの葡萄酒のＰＲに、巷に出始めた新聞での広告に目をつけました。このころは、まだ商品を新聞でＰＲするところは少なかったため、格安で一流の新聞に掲載することができたといいます。最初は文字だけの広告でしたが、次第に書家の絵などを使って目立つ手法を取り入れていきました。そして、当時広告界で高名な守田治兵衛に依頼して、薬用飲料の名のもとに新聞広告を出したのです。そのため、蜂印香竄葡萄酒の販路は次第に拡大し、国内はもちろん朝鮮、支那、南洋方面にまで輸出されるようになるのでした。

消費者目線の広告で大きな効果

近藤の広告を見るとわかる通り、蜂印香竄葡萄酒はワインとしての販売ではなく滋養強壮の薬としての販売でした。「朝夕一杯ずつ」、「甘いので女性や子供も飲める」とのキャッチコピーが目を引きます。また、お月見やお歳暮商戦に向けたＰＲなど季節ごとの需要に合わせた消費者目線での広告でしたので、大きな効果を生み出したのです。

蜂印香竄葡萄酒の美人画ポスター（オエノングループ）

この新聞の他、立て看板や掲示広告などの屋外広告や、官報や観光案内図などの広告にも力を入れて市民向けのＰＲに余念がありませんでした。近藤は日々の暮らしにはあまりお金をかけずに「締まり屋」だと言われていましたが、特に新たな宣伝手法が提案されると惜しげもなく莫大な経費を支払ったといいます。ある時は、東京から下関までの各駅に広告を出したり、鉄道沿線の畑のなかに巨大な看板を出したり、花電車のラッピング広告をするなど皆を驚かせました。

その結果、蜂印香竄葡萄酒はたちまち広く知れ渡るようになり、加速度的には売れて傳兵衛は日々製造に忙殺されたといいます。両者の間の取引は年を追うごとに巨額になっていきましたが、二人は一つの契約書も交わしていなかったといいます。お互いに信頼をし、その間柄は兄弟以上ともいわれ一度もトラブルがなかったのです。大正７年（1918)、近藤60歳の時に、資本金150万円で近藤商店株式会社を設立し財界にも進

近藤利兵衛による季節ごとの広告（国立国会図書館所蔵）

出しましたが、残念ながら翌年旅先の大阪で亡くなってしまいました。

「合同酒精社史」（合同酒精社史編纂委員会、昭和45年（1970））によると、蜂印のマークは傳兵衛と近藤の共有であり、一方は製造部、他方は営業部ともいうべき体制で完全に分離していました。製品は樽詰（１石２斗入り、220 ℓ）のまま近藤商店のビン詰工場（京橋区桜橋）に届けられ、ここでビン詰されて全国の特約店、例えば関東では国分商店や鈴木洋酒店など、関西では大阪の松下商店その他各地へ販売されたのです。

もっとも、ビン詰作業は昭和５年（1930）から近藤商店の都合で傳兵衛の本所工場に移されたが、この時でも近藤は傳兵衛に対して詰賃を払うというほど両者の分担がはっきりしていたといいます。第二次大戦中の卸業の整理統合により近藤商店は蜂印香竄葡萄酒による営業を中止し、終戦後に酒類の卸を廃業していきました。

川上善兵衛と
岩の原葡萄園、品種交配

川上善兵衛　*1868 ~ 1944*

川上善兵衛

川上善兵衛

川上善兵衛は、慶応４年（1868）の３月に、越後高田郊外の中頸城郡《なかくびき》高士村《たかし》、今の新潟県上越市で大地主だった川上善兵衛の長男として生まれます。どのくらい大地主かといいますと、「川上家の土地を通らずに日本海まで至ることはできない」といわれるくらいの大地主でした。実際は50haだったとのことです。幼少のころに父親を亡くし６代目善兵衛の名前を継ぎましたが、母親の教育によって礼儀正しい青年に育ち、同年代の小作人の子供と一緒に学ぶなかで、小作人からの年貢によって川上家だけが潤っていることを何とかしたいと思うようになったといいます。

越後平野は、今でこそ日本有数の米どころとなっていますが、当時は水はけの悪い沼地でほとんどの作物が育ちませんでした。善兵衛の小作人たちは何とかここを水田に開拓して米をつくっていましたが、木島章著『川上善兵衛伝』（サントリー株式会社、1992）によると、近くの川の氾濫もあって3年に一度くらいしかまともに収穫できないという「三年一作」という状況だったとのことでした。そんな小作人の姿を幼い時から見てきた善兵衛は、これを何とかしたいと考えるようになったのです。また、明治31年（1898）に開設された岩の原葡萄園のワイン工場には何人もの朝鮮人がいました。当時の日本人は朝鮮人を差別していたましたので、彼らの多くは満足な職もなく貧乏に追い込まれていましたが、善兵衛はこうした朝鮮人も雇い深い愛情を寄せていました。

これには、幼少の時の小作人に対する思いに加え、母方の知り合いの越後顕聖寺の竹田範之《はんし》の影響があったといいます。竹田範之は、朝鮮人への差別に反対して牢に入れられたこともありました。この竹田範之の生き方を見て、善兵衛は「立派な主張も口先だけではだめ。それを実行する勇気をもって行動に移さなければ何の意味もない」と考えるようになったといいます。

このように「多くの人に何とか豊かになってもらいたい」という善兵衛のまじめで一途な心情が、現在のサントリーにつながるワイン造りやマスカット・ベーリーAをつくり出した晩年の葡萄品種の交配回数の1万311回という驚くべき継続力につながったのでしょう。

大地主から葡萄栽培家へ

農民の救済は「葡萄を育て、ワインを造る」ことで

明治15年（1882）、善兵衛は14歳の時に東京に出て一時福沢諭吉の慶応義塾に通います。この時善兵衛は、川上家と親交のあった勝海舟を何度か訪ね、上越の大地から豊かな農作物が取れるようにするにはどうしたらいいか相談したといいます。勝海舟の曽祖父は越後柏崎の出身で川上家と交流があったのです。善兵衛は新潟に戻った後もこのことを真剣に考え、そして稲作ができない土地でも育つ葡萄を育てワインを造ることが農民の救済になると信じ、ワイン用葡萄栽培にこれからの人生をか

けていくと決めたのでした。最初は葡萄以外の果樹の栽培も試したといいますが、やはり結果は葡萄、そしてワインということになったといいます。

善兵衛のこの判断には青森リンゴの始祖といわれる青森県弘前の菊池楯衛《たてえ》の影響があったと伝えられています。菊池は、明治８年（1875）に内務省勧業寮から青森県庁を通じて下付されたリンゴや葡萄などの洋種果物の苗木を育て、明治16年（1883）には、白葡萄、甲州葡萄、アメリカ品種、ヨーロッパ品種の葡萄のほかリンゴや柿、梨、桃など71種類の栽培を成功させたといいます。善兵衛は菊池の元に訪問して、同じ弘前の藤田葡萄園の藤田久次郎を含めて意見交換をした記録が残されています。なお、葡萄栽培に当たって菊池は明治15年（1882）から16年にかけて、藤田久次郎らとともに桂二郎の指導を受けていたと考えられています。

明治20年（1887）、このように葡萄栽培とワイン醸造の意思を固めた善兵衛は、まずは東京に出て、小沢善平のところで葡萄栽培の手ほどきを受けました。当時の小沢は、谷中で撰種園を経営する苗木商でした。

小沢は、幕末には横浜で生糸を商っており、フランスと直接取引をするため慶応２年（1866）12月に横浜からリヨンに向かい翌年横浜に帰国しています。その後、慶応３年（1867）12月には、今度は日本のお茶や桑などをカリフォルニアで栽培する事業に参加するため、再度カリフォルニアに出国しています。幕府は慶応２年には就学と商業を目的とした海外渡航を解禁していますが、小沢の出国はいずれも幕府から許可を得ての出国ではなかったといいます。

それから６年間、小沢はカリフォルニアに滞在して帰国。明治７年（1874）春には谷中と高輪《たかなわ》に撰種園を開業しています。カリフォルニアにいる間、２年間はナパのポルケンサの大農園で果木、穀類、野菜等の栽培実習をしたうえで、その後２年間はフランス人スラムのところでワイン醸造を学んでいます。その後晩年は群馬県妙義山の官有地の払い下げを受け、約13haの妙義山農園を開拓しています。

一人の農夫として葡萄栽培を初歩から習う

善兵衛は東京の小沢を訪ねた後、勝沼の土屋龍憲のところに葡萄栽培の実習に行きました。善兵衛は、龍憲のことをワイン造りの師と仰いでいますが、この時龍憲は宮崎光太郎と共同でのワイナリーづくりに忙しく、代わりに高野積成のところで葡萄づくりを実習したといいます。

善兵衛は祝村に住み込み、一人の農夫となって葡萄の初歩から習い始めました。これまで肉体労働など経験したことのない善兵衛には、非常に辛い暮らしだったでしょう。積成たちは後に善兵衛の屋敷を訪れていますが、このように大きな地主が地道な葡萄の手入れをしたのかとびっくりしたというエピソードも残っています。しかし、「小作人のために、何とか越後にも立派な葡萄園をつくりたい」という強い情熱でこれを習得したといいます。

善兵衛の葡萄栽培の修業は３年間にわたり、祝村の高野積成、そして積成が開拓に関わった栃木県粕田村の野州葡萄酒会社などへと足を延ばしました。そして、明治23年（1890）、自宅の庭を改良して葡萄園をつくり始めます。庭は川上家の先祖たちが手入れを続けてきた自慢の庭でした。当然、川上家の使用人たちは大反対でしたが、善兵衛は自ら先頭になって整地を進め、翌年の春には小沢善平のところから取り寄せた葡萄苗９種類127株を植えました。さらに、明治25年（1892）には、祝村の龍憲のところに赴き直接ワイン醸造を学び、明治27年（1894）には自宅に整備した醸造施設で初めてワインを醸造したのです。

この時のワインはとても口にできるものではなかったようですが、翌年には第一号の石蔵を完成させてワイン30石を醸造しています。葡萄園の拡張も次第に進み、その後欧米から400種類を超す苗木を取り寄せています。善兵衛が本格的に葡萄園にした三《み》墓山《はかやま》（御《み》旗山《はたやま》）の北西斜面は、田んぼにもできない岩だらけの土地で、安山岩や礫岩がゴロゴロしていました。そして、明治31年（1898）には念願であったワインとブランデーの販売を開始。ブランド名は「菊水葡萄酒」「菊水ブランデー」

明治27年建造の第一号石蔵は、現存する最古のワイン蔵（岩の原葡萄園）

としました。

日露戦争の特需とその後の販売不振

明治35年（1902）には東宮殿下の行啓の栄を受けて善兵衛は大きな評価を受けますが、実は蔵には在庫のワインがたまる一方でした。そこで明治36年（1903）10月には、善兵衛の妹の夫である富永孝太郎を社長とする「日本葡萄酒株式会社」を資本金５万円で設立し、東京神田に支店を設け「菊水葡萄酒」「菊水ブランデー」の販売を強化したのです。その直後の明治37年（1904）２月に始まった日露戦争では、兵隊を元気づけるために大量の葡萄酒が買い上げられ、善兵衛のところにも注文がどっと舞い込んだといいます。この時岩の原葡萄園の倉庫には1500石のワインが在庫としてあったといいますが、すぐに空になって足りないくらいだったといいます。

このため大きな利益があり、善兵衛は葡萄畑とワイナリーの拡張を進め、明治38年（1905）までに20.3haの葡萄園、ワイン工場・倉庫など合わせて８棟264坪、地下室170坪を整備しました。最初に善兵衛が目指した通り、大勢の小作人たちがこの工場で働くようになって、ここの賃金が彼らの暮らしを支えるようになったのです。

しかし、日露戦争の特需が収まる明治40年（1907）になると軍隊での需要はパタッと止まります。しかも、日常のワイン市場はまだまだ育っておらず甘味葡萄酒しか需要はありませんでした。このようななかで、販売会社の日本葡萄酒株式会社も明治42年（1909）９月に閉ざされてしまいました。実はこの年の１月に、善兵衛は「葡萄業に関する卑見」を作成し新潟県知事を通して大蔵大臣の桂太郎に提出し、輸入ワインの税率改正や葡萄酒やブランデーの市場拡大を訴えているのでした。

また、長年にわたる知識や経験をもとに、善兵衛は明治41年（1908）12月に『葡萄提要』（実業之日本社）を出版し、葡萄生産とワイン醸造の国内での拡大を目指しています。『葡萄提要』では、葡萄を植えて初年から４年目までの葡萄の管理法、様々な仕立て方、葡萄の病気、特にフィロキセラについては多くのページを割いての対応法を示していました。さらには、ワイン醸造方法なども記載している全594ページにわたる善兵衛前期のワイン造りの集大成の書籍でした。この段階では、越後上越地域の気候に合った葡萄品種の選択が最も肝要であるとの見解から、長雨に強く強健で、ある程度の品質であれば優良品種としていたことが紹介されています。

この本によって善兵衛は周りからは農学者として見られるようになり、政府の依頼を受けて朝鮮、満州、北支方面などを視察して葡萄づくりの状況を調べています。こうして、川上善兵衛の名は広く知られるようになりますが、甘味葡萄酒全盛時代のうえに大正12年（1923）には関東大震災が発生して日本経済は長期間の不景気に陥り、ワインが売れなくなっていくのでした。

葡萄品種の交配

風土に適した葡萄品種の開発

実は、ワインが売れなくなる前から川上善兵衛には悩みがありました。善兵衛が昭和15年（1940）に発表した論文に「交配に依る葡萄品種の育成」があり、ここにその悩みが書かれています。それは、「ヨーロッパ系品種の多くは、品質はよいが日本の風土に適するものが少なく、アメリカ系品種は日本の風土に適するものが多いが、上質なワインの原料には適さない」という相反関係でした。欧米各国から400種類を超す葡萄品種を集めますが、このまま続けていいものかと。

そんな時、善兵衛は親戚の生物学者の見波定治から「メンデルの法則」について詳しく話を聞きます。そしてこのメンデル交配理論に基づいて葡萄の交配を始めることにしたのです。日本の風土に適して質の良い葡萄品種を交配によってつくり出そうと決意したのです。大正11年(1922)、善兵衛、実に53歳の時のことでした。

思いたったら実行に移すのが善兵衛です。葡萄栽培の大きな方針転換を図ったのでした。それまで善兵衛は、外国の葡萄品種で新潟の地で最もよく育つ葡萄を求めてきました。昭和７年（1932）から翌年にかけて善兵衛が出版した『実験葡萄全書（上・中・下)』（地球出版）によると、善兵衛が入手した葡萄は、小沢善平の撰種園から譲与されたヨーロッパ系葡萄42品種、アメリカ系葡萄12品種、その他ヨーロッパ系７種、台木用７種、それと新潟県下に広く栽培されていた甲州種など合計70品種を日本国内で入手し、以後、欧米から400種以上の計500品種とされています。この30年間の取り組みをやめて、交配による葡萄づくりに取り組むことを決意したのです。

善兵衛が品種交配した１万311回のなかで結実したものが約1100株ありましたが、これらを育成してそれが優良かどうかを見極めるまでには

岩の原葡萄園第二号石蔵（明治31年建造、国立国会図書館所蔵）

10年以上かかりました。途中で親戚や知り合いからは、川上家をつぶしてしまうのでワインに関わるのはもうやめてほしいとの声も上がったといいます。しかし、善兵衛はあきらめず理想の葡萄を求めて膨大な時間と財産を費やし、とうとう会社は倒産寸前となります。

マスカット・ベーリーA（サンキュウパーロク）

そこに助け舟を出したのは、寿屋（現、サントリー）創業者の鳥井信治郎でした。二人を引き合わせたのは、川上家と親戚筋にあたる東京大学の坂口謹一郎博士です。昭和９年（1934）、善兵衛に直接会って心から尊敬の念を持った信治郎は、善兵衛の全ての借金を肩代わりして、そのうえ表向きは共同出資という形で「寿葡萄園」を設立したのです。しかもここは２年後に元通りに「岩の原葡萄園」と改名されます。

後にマスカット・ベーリーAと名付けられた交雑番号3986（サンキュウパーロク）は、昭和２年（1927）に交配し昭和６年（1931）に結実しました。この葡萄の母親はアメリカ系品種のベーリー種、父親はヨーロッパ系品種のマスカット・ハンブルグ種の欧米雑種です。この品種は新潟の気候に合うように、寒さや湿気に強く、発芽が遅い割には収穫時期が早いという品種特性を持っています。その後、善兵衛は東京大学の坂口謹一郎博士らと共同して、優良種の分析と実際にワインにした時の官能試験を行い、昭和15年（1940）にマスカット・ベーリーAやベーリー・アリカントA、ブラック・クイーンなど22品種の推奨品種を公表しています。

信治郎は善兵衛と出会った時、「赤玉ポートワイン」の爆発的ヒットによって得られた資金をウィスキーに投資していました。ウィスキー醸造には莫大な時間と資金がかかりましたが、白札、赤札はなかなか売れない状態でした。「赤玉ポートワイン」の利益を全て注ぎ込んでもまだ足りないくらいだったといいます。しかも、昭和10年（1935）代に入って次第に軍国化に傾き、このままでは生命線の「赤玉ポートワイン」に使っている外国産のワインが調達できなくなる恐れがありました。善兵衛の方は、交配したマスカット・ベーリーAなどの量産化を図りたいと考えていました。

そこで、二人はその理想郷を見つけるために坂口博士に相談し、山梨県の登美村の150haの荒廃した葡萄園の紹介を受けます。ここは、国鉄中央線の敷地工事に関わっていた小山新助が、登美村の官有地150haの払い下げを受け、明治43年（1910）に開拓を進めた葡萄園です。その後、明治45年（1912）から大正元年（1912）には、登美に「小山葡萄園」が完成。大正２年（1913）12月には、この地に大日本葡萄酒株式会社が発足しました。

上野晴朗著『山梨のワイン発達史』（勝沼町役場）によると、登美を管轄する韮崎《にらさき》登記所の資料によると、ここの土地は周辺農村の入会地であったため開発交渉は難航し、小山が最初に取得したと伝えられている官有地は、明治37年（1904）に登美村の村長だった中沢重一の取得名義になっていたとのことです。

その後大正７年（1918）に東京京橋の帝国シャンパン株式会社に所有権が移され、大正10年（1921）７月、称号が日本ブドウ酒株式会社に変更されています。大正２年（1913）にこの地に発足した大日本葡萄酒株

広大なサントリー登美の丘ワイナリーの葡萄園（サントリーホールディングス）

式会社は、登記がないままに設立されたのです。

この大日本葡萄酒株式会社は、桂二郎の仲介で、大正元年（1912）に葡萄栽培と醸造施設の指導者としてドイツ人技師ハインリッヒ・ハムを招聘しています。ハムは、当初植えたアメリカ品種の葡萄では、フランスやドイツのような優良ワインを造る見込みがないとして、大正３年（1914）からヨーロッパ品種への植え替えを始めました。しかし、同年に第一次世界大戦が勃発しハムはドイツ軍の青島防衛に駆り出されるのでした。その後この会社は経営不振で昭和７年（1932）には倒産、同年９月に大蔵省に差し押さえられていました。

東洋一の葡萄園を開拓、開園

この地を善兵衛と信治郎の二人が訪れます。ここは岩の原葡萄園の北西向きの斜面と違い南向きで日当たりが良く、甲府盆地を眼下にして遠景には富士山を望む素晴らしい場所でした。二人は手を取り合って喜びで涙を流したと伝えられています。早速、競売手続きをして取得し「寿屋山梨農場」とします。そして、この葡萄園の責任者を善兵衛の娘婿で養子の川上英夫に任せるのでした。

マスカット・ベーリーAは日本産赤ワインの代表品種。赤ワイン用葡萄品種ではトップの13％の生産量（平成29年度調査）を占めており、近年は増殖傾向にある

山梨農場には九つの丘があり、ここに善兵衛の交配品種、マスカット・ベーリーA、マスカット・ベーリーB、ブラック・クイーン、ベーリー・アリカントA、ローズ・シオター、レッド・ミルレンニウムなどを植えていきました。荒廃した葡萄園の75haに加え、さらに75haの開拓を進め合計150haの葡萄園は東洋一といわれ、これが現在のサントリー登美の丘ワイナリーにつながるのです。

善兵衛は、身長145cm、体重は40kgに満たない小柄な体つきをしていました。岩の原の家にいる時には、毎朝毎晩ワインを湯呑に0.5合程飲むのが日課だったといいます。茶の間に正座して葡萄畑の方角に向かって葡萄と話をするように飲んだそうです。

「死んだら灰を葡萄園に撒いてくれ。葡萄園にいつまでも生き、葡萄樹のなかにいつまでも生き続けたい」。昭和19年（1944）５月、善兵衛は信治郎から岩の原葡萄園の社長を引き継いで「さぁこれから」という時に亡くなってしまいます。76歳でした。

特記　明治から昭和へ ──「宿命的風土論」を超えて

「ヨーロッパ品種の葡萄は日本の自然条件では栽培するのが難しい。この葡萄は地中海周域のような乾燥した風土を好み、日本の湿潤な気候には適さないからである。これに対し、アメリカ東部を原産地とするアメリカ系品種の葡萄は日本の風土によく適応する。そもそも湿潤な風土に生育していた品種だからである。そこで、ワイン用葡萄を日本で栽培するには、両者の長所をあわせ持つ交配品種をつくり出すのが最も良策である」

浅井昭吾氏（1930～2002年。東京工業大学卒業後、大黒葡萄酒を経て三楽オーシャンに入社。メルシャン勝沼ワイナリー工場長、山梨県ワイン酒造組合長などを歴任）は、当時ワイン業界で蔓延していたこのような風潮を「宿命的風土論」と呼び、善兵衛の「マスカット・ベーリーAに日本の近代ワイン史の山場があった」と言っています。それは、この「宿命的風土論」を肯定するものとしてマスカット・ベーリーAが誕生し、日本のワイン醸造家の前に大きく立ちはだかった葡萄だからです。日本で造れる赤ワインは、せいぜいこの程度のものだと諦めをもって教え込まれ、だからこそワイン造りの進歩はさらなる交配育種の努力にかかっている、そう信じた時代がずっと続いていたと言います。

誤って伝えられた川上善兵衛の考え方

しかし、善兵衛の著書を分析すると、実は、晩年の善兵衛の葡萄品種の評価や価値観はこれまで伝えられてきたものと全く違うものでした。これまで述べたように、最初は新潟県上越の農家の経営に視点を置くもので、彼は高品質のワインを追求する前に、栽培しやすく収量も多いことを前提条件としてアメリカ系品種の葡萄を育て、そして交配品種を選別していったのです。

例えば、善兵衛のメルロー（ヨーロッパ品種）についての評価ですが、明治41年（1908）の『葡萄提要』（実業之日本社）には「樹性健康にして成長良好なり」「上等なる赤酒の醸造に用いるべし」と記述しながら、一方で「収穫多からずこの種に限らず上等種類は欧米の別なくともに豊産なるものなし。これ美酒の値、常に不廉なる（安くない）原因か」とあり、メルローを将来性のある葡萄とはしていないのは、その品質ではなく収穫量にあったのです。つまり、善兵衛は、ヨーロッパ品種が日本で栽培するのに困難ということを言っているのではなかったのです。

このように、当初善兵衛はヨーロッパ系品種のワインが良質であることを認めながら、「長育力」（徒長性）に劣り、収量も少ないという理由で、彼の構想する葡萄園に採用すべき品種ではないと判断したのでした。また、葡萄の仕立て方としても、株仕立てや垣根仕立てを試みながら最終的には棚仕立てとしましたが、これは、植栽する葡萄に「長育力」の旺盛な品種を選抜していったからであり、垣根仕立てそのものが日本の風土条件に適していないと結論付けているわけではないのです。

これを裏付けるように、昭和７年（1932）、８年に発行した彼の研究の集大成である『実験葡萄全書３巻』（地球出版）においては、岩の原葡萄園での気象記録が残る33年間のうち、明治34年（1901）、大正４年（1915）、７年（1918）、14年（1925）、昭和３年（1928）のグレート・ビンテージイヤーにおいては、ヨーロッパ品種も非常に良い出来だとしています。そして、「大正７年は発育期と成熟期とを併せて最も葡萄に適順だったので、欧州種の大部分、ことに最も軟弱なものですらその結果は佳良なり」としており、上越もヨーロッパ系の葡萄栽培が可能な地だとしています。

葡萄品種の選択基準についても変化が見られ、『葡萄提要』（明治41年）をまとめたころにはよく育つ強靭な葡萄を優良品種としていたのを、『実験葡萄全書』（昭和7年）発行の時期に至っては、ワインの品質による区分付けを行うようになっていて、最良と上等の品種は赤白とも

葡萄園と農舎。川上善兵衛は葡萄の栽培、醸造で一途に地域の振興を追求（岩の原葡萄園）

ヨーロッパ品種そのものが多く、中等と普通についてはアメリカ種及びヨーロッパ種との雑種としているのです。また、アメリカ種のコンコードは直ちに伐採し、アジロンダックも徐々に更新（改植）することにしたとの記述も見受けられます。さらに、「醸造用の果実は生食用のものよりも一層光線の透射及び地面の反射熱を受けさせる必要が大きいので棚づくりは不適当なり」と、ワイン用葡萄において垣根仕立ての優位性の指摘さえあるのです。

このように、葡萄の神様である川上善兵衛が最終的に言っていることを、歴史は正確に伝えられなかったとしか言いようがありません。

土質・気候と品種

では、「宿命的風土論」はどのように生まれてきたのでしょうか。まず、ヨーロッパ原産葡萄をヴィティス・ヴィニフェラという言葉として初めて紹介した福羽逸人から見ていきます。

福羽は、播州葡萄園勤務の後、４年間のヨーロッパ研修から明治22年（1889）に帰国し、明治29年（1896）にはその報告書である『果樹栽培全書』（博文館）全４巻を発行しています。

その第４巻で、「これまで欧州種の葡萄はブルゴーニュの森のなかに自生していたものが広がったと考えられていたがどうも違うようだ。もともと葡萄（ウイチス・ヴイニフエラ）は小アジア（西アジア）から伝わった葡萄であり、暖かい地域でなければ育たない。我が国の土質や地位（経度）はフランスと同じだが、気候においては葡萄の開花と収穫時の多雨や暴風雨でその栽培は難しい。葡萄はなかなか熟さず、熟したとしても糖度が上がらない。ワインにすると“土臭”がしてしまう」と述べています。

これは、福羽が播州葡萄園設立の意見書で述べていた主張でもあり、フランス、ドイツの留学時に気候や土壌を分析して出した見解でした。福羽は留学時に、ロマネ・コンティやモンラッシェの畑の土壌分析までも行っている気合いの入れようでした。そこで、その解決策として内藤新宿の試験場や播州葡萄園で実験した通り「高等栽培法」すなわちガラス室での栽培を「果樹蔬菜高等栽培論」（明治41年）で提案したのです。しかし、ガラス張りの葡萄園はほとんど実効性のないもので、福羽の意見は葡萄栽培において大きな動きになりませんでした。

さらに福羽は、「愛知県知多の盛田葡萄園は、最も規模が大きく多くの良種の葡萄を植えたけれども、風土が適さず衰退した。ただ、適地とはいえないが青森弘前の藤田久次郎のように注意周到な栽培によって欧州葡萄で良いワインを造っている例外はある。面積は５haしかないが」と述べています。つまり、福羽は盛田葡萄園の失敗の原因を、フィロキセラではなく気候、つまり気象条件と置き換えてしまっているのです。

また、「果樹蔬菜高等栽培論」では、善兵衛が行っているアメリカ系品種の葡萄でのワイン造りを次のように強烈に批判しています。

「近年、越後国において盛んに葡萄栽培をしている川上善兵衛氏は、事業に熱心でしかも多少の技量があることには敬服する。しかし（ワイン造りという）大きな目的に向けては肯定することはできない。というのも、氏は生食、醸用ともに不適良な米国葡萄の劣種を栽培してスペイン、フランス、イタリアまたはアメリカ・カリフォルニア州産の葡萄酒と競争できるものと思っているからだ。これは真に誤見だと言わざるを得ない。どうしてかというと、そのような劣った葡萄では醇酒を醸造することはできる訳ないからだ」

このことは、その後の国の葡萄栽培の指導方針に大きな影響を与え、福羽の考え方は、日本の果樹農業の指導機関であった農商務省園芸試験場に引き継がれます。ここの場長を務めた恩田鉄弥は、大正15年（1926）に発行した『通俗園芸講話』（博文館）の「葡萄の品種」「葡萄の整枝法」のページで次のように述べています。

「品質の優良なのはヴィティス・ヴィニフェラに属する品種で、これらはいわゆる乾燥地に適し、湿地には病害が多くて不適である。たとえ十数回ボルドー液を散布しても見込みがないものがある。甲州種はこの種に属するが割合に病害に強い。ブラック・ハンブルグ種やシャスラー・フォンテンブロー種等は現に我国の雨の少ない乾燥する土地において、よく成長結実している。ゆえに欧州種としてはこれらの品種を栽培すればよい。いわゆる米国種は、品質は良好でないが病害に抵抗する力が強い。この米国種と欧州種との雑種に病害に強く品質の佳良な品種がある。これらは有望である」

このブラック・ハンブルグは、新潟県と山形県の葡萄が優れていると書かれています。新潟の葡萄は川上善兵衛のブラック・ハンブルグだと考えられます。

垣根仕立てと棚仕立て

さらに恩田鉄弥は、仕立て方については次のように述べています。

「葡萄の整枝法は沢山ある。欧米においてほとんどみな垣根造り仕立てで、この垣根造りのなかに沢山異なった整枝法がある。我が国において、今日まで各種の垣根造り仕立てを行った成績によって考えるに、気候の関係でこの仕立ては病害が多くどうも思わしくない。ことに生食用を主としているので、収量が少ないときは糖分の多少にかかわらず利益が少ない。垣根造り仕立てに結実した果実は、棚造り仕立てのものより糖分は多い。けれども収量においてかなり差が多い。現時の市場においては糖分に差があってもその価格にさほどの差がつかないから、どうしても垣根造り仕立ては実際問題として不利益である」

ここで恩田が、「欧州種は品質が良いが病害に弱く、米国種や雑種は病害に強い」「垣根仕立ては病害が多く収量が少ない」と言ったことが、葡萄栽培の現場へ「欧州種の垣根造りは日本ではうまくいかない」という定説として浸透していったと考えられます。さらに、昭和27年（1952）に発行された太田敏輝著『葡萄栽培法』（朝倉書店）では、棚仕立てが日本の自然条件に最も適合した仕立法であると断定し、その理由を「高温多湿で発生する病害は株仕立て、垣根仕立てのように地上に近い部位にとくに多いので棚仕立ての方がよい」と述べています。

さらにとどめは、昭和29年（1954）に東京国税局鑑定官室が編纂した『最新葡萄酒醸造法講義』でした。

「我が国の現在迄の栽培状況を見ると、甲州種を唯一の欧州系栽培葡萄とする以外に、他の優良葡萄果であるヴィニフェラ種の経済的大栽培に成功しておらず、ほとんど大部分の栽培がアメリカ系葡萄にたよっている。これは我が国の気候的特性である多湿と季節風の影響とが、多湿に弱いヴィニフェラ種の栽培を不可能としているのに反し、アメリカ大陸の多湿帯に発生、発達した強健なラブルスカ種の適地性に依存しているわけでもある」

長野県桔梗ヶ原のメルロー畑(シャトー・メルシャン桔梗ヶ原ワイナリー)。日本で最も早くヨーロッパ系品種の産地化に成功した

「宿命的風土論」を超えて

太田敏輝は川上善兵衛の業績に触れて、「川上氏は生涯を葡萄の研究に捧げ、幾多の辛苦を重ね、直輸入の欧州種は日本の多湿の気候下では栽培不可能なことを察知し、昭和2年（1927）より品種改良に着手せられマスカット・ベーリーA、ブラック・クイーン他数品種の有望新品種の作出に成功せられた。（中略）その他最近に至るまで各地で欧州種の栽培を試みた者は多いが、我が国の気候風土が欧州種の栽培に不適のため殆ど失敗に終わっている」と述べています。

これら葡萄栽培の指導者の教科書を読む限り、日本ではヨーロッパ系品種を積極的に栽培しようとする機運が出てこなかったのは当然のことといってもいいかもしれません。事実、国だけでなく県の試験場などにおいても、最近まで生食用に向けたアメリカ系品種の品種改良だけが重要な仕事と位置付けられ、栽培の専門家になればなる程ヨーロッパ系品種の栽培については懐疑的な態度になってしまっていたのです。

浅井昭吾氏が日本ワインの歴史研究に入っていったのは、この「宿命的風土論」を打ち破るためではないでしょうか。どのような歴史上の事実が積み重なって「宿命的風土論」が生み出されたかを知ることによっ

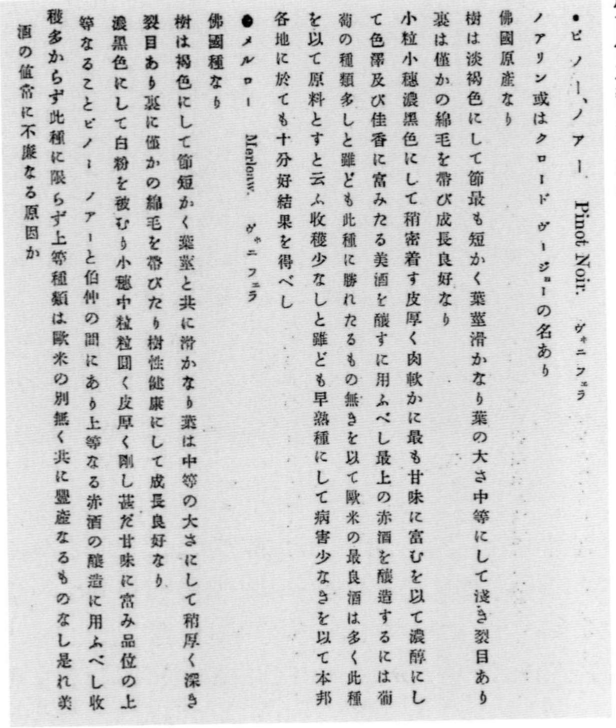
●ピノー、ノアー　Pinot Noir.　ヴォニフェラ
ノアリン或はクロードヴージョーの名あり
佛國原產なり
樹は淡褐色にして節最も短かく葉莖滑かなり葉の大さ中等にして淺き裂目あり
裏は僅かの綿毛を帶び成長良好なり
小粒小穗濃黑色にして稍密着す皮厚く肉軟かに最も甘味に富むを以て濃醇にし
て色澤及び佳香に富みたる美酒を醸すに用ふべし最上の赤酒を醸造するには葡
萄の種類多しと雖ども此種に勝れたるもの無きを以て歐米の最良酒は多く此種
を以て原料とすと云ふ收穫少なしと雖ども早熟種にして病害少なきを以て本邦
各地に於ても十分好結果を得べし
●メルロー　Merlouw.　ヴォニフェラ
佛國種なり
樹は褐色にして節短かく葉莖と共に滑かなり葉は中等の大さにして稍厚く深き
裂目あり裏に僅かの綿毛を帶びたり樹性健康にして成長良好なり
濃黑色にして白粉を被むり小穗中粒圓く皮厚く剛し甚だ甘味に富み品位の上
等なることピノーノアーと伯仲の間にあり上等なる赤酒の醸造に用ふべし收
穫多からず此種に限らず上等種類は歐米の別無く共に豐產なるものなし是れ美
酒の値常に不廉なる原因か

川上善兵衛のピノ・ノアール、メルローの評価（『葡萄酒提要』国立国会図書館所蔵）。善兵衛は、上質ワイン用葡萄としてピノ・ノアールやメルローを否定しているわけでなかった

て、これを突破しようとしたのです。ご自身では、桔梗ヶ原メルローの産地化を実現しましたが、日本全体で「宿命的風土論」を打ち破る歴史的な背景を確認したかったのでしょう。

時は奇しくも、明治から続く「甘味葡萄酒の基酒」の時代から、ようやく「世界の銘醸地に伍す日本ワイン」を目指すところまでたどりつこうとしていました。その最後のところで、多くのワイン醸造家たちを動けなくしていたのが「宿命的風土論」だったのでした。

結　章

日本ワインに息づく開拓者精神

2002年に開拓した12haのヨーロッパ系品種の葡萄畑
（中央葡萄酒明野農場）

浅井昭吾氏は『日本のワイン・誕生と揺籃時代』(日本経済評論社)の最後の項「余燼《よじん》」のところで、次のように述べています。

「明治前期に誕生したワインと昭和後期に勃興したワインは、前者の素直な発展として後者があるとは誰しもが思っていないであろう。(中略)しかし、両者の間には密接なつながりがあり、すでに指摘したように、もし前者の遺産を甘味葡萄酒が利用し、維持していなければ、いわゆるワインブームに乗って急激な発展を遂げることは不可能であったはずだ」

余燼とは残り火のこと。この本の最終節に当たり、過去のワイン造りが現代のワイン造りへとつなげたもの、さらには教訓とすべき考え方などをここに示すことで本書を閉じることとします。

今に残る葡萄畑の風景

明治19年(1886)の官報農商務省報告によると、葡萄樹の数は全国で67万本、数が最も多いのは愛知の34万本、次いで兵庫10万本、東京5万本、岡山4万本、広島3万本、青森3万本となっています。これが、20年後の明治38年(1905)になると、葡萄の樹が最も多いのは岡山で22万本、次いで栃木11万本、兵庫9万本、山梨7万本、茨城6万本、広島6万本となります。愛知県の知多半島を中心としたヨーロッパ系品種の葡萄がフィロキセラの影響で全滅していった様子が見て取れます。

明治6年(1873)の山梨県産葡萄はわずか43tで、これはほぼ甲州葡萄でしたが、明治38年(1905)にはその40倍の1697t、うち甲州が250t、西洋種が1447tになり、そして大正5年(1916)の記録では60倍の2950tで、甲州が660t、西洋種が2290tになります。甲州葡萄の生産量も多くなっていますが、それ以上にアメリカ系品種を中心に西洋種葡萄の生産量が拡大していることがわかります。

盆地に広がる絶景の葡萄畑。日本農業遺産や日本遺産に認定されている

その後新しい葡萄産地の発展は目覚ましく、昭和３年（1928）には大阪府が山梨県を抜いて生産量日本一となっています。これは甲州や甲州三尺が多くつくられたからだといわれています。甲州の本場の山梨が西洋品種をつくり、大阪などが甲州をつくっていたのです。

これまで見てきた通り、明治の葡萄産地の形成は当初ワイン用として計画されていましたが、フィロキセラによって壊滅し、その後アメリカ系品種の葡萄を中心に果物としてそのまま食べる需要が増え葡萄畑は拡大していったのです。また、甘味葡萄酒の原材料が国産になっていくのも見逃せません。スペインやイタリアなどのバルクワインに代わって生葡萄酒が甘味葡萄酒の原料になるのは、日本が軍事国家となっていく昭和以降のことではありますが、宮崎光太郎の甲斐産葡萄酒のように明治30年（1897）代には国産ワインも甘味葡萄酒の原料として使われていったのでした。

そして、平成30年（2018）には日本の葡萄生産量は17万4700tで大正５年（1916）の60倍。山梨県はその約25％を占める４万2000tで15倍となりましたが、このうちワイン醸造用葡萄は約6000tに過ぎません。こ

の日本一の生産量を誇る山梨の葡萄畑の風景は、2017年３月に日本農業遺産（盆地に適応した複合的な果樹システム〜山梨県峡東地域〜）に、また2018年５月に日本遺産（葡萄畑が織りなす風景〜山梨県峡東地域〜）に認定されました。実はこの景観は生食用葡萄産業からの贈り物だったともいえるのです。2020年６月に山梨県甲州市におけるワイン造りのストーリーは茨城県牛久市とともに新たに日本遺産にも認定されています。

現在、栽培の担い手の高齢化などによってこの葡萄畑の廃園が進み、山梨県においても次第に歯が欠けているような景色も見られるようになってきました。世界中のワイン産地がワイン観光に力を入れている今日、この日本独特の棚式葡萄畑は大変貴重な景観で、特に山裾の葡萄畑は景観上最も重要といえます。これまでは「農家が栽培した山裾の葡萄でワインを造り販売することでこの風景を守ってきた」ということもできましたが、今後はそれに加え、ワイナリーが中心になって甲州葡萄を含めたワイン醸造用葡萄をこのエリアで栽培していく取り組みが求められていると考えます。

日本ワインの世界進出

そもそも、明治政府が目指した日本のワイン造りは、フランスワインをお手本に輸出を目的にしていました。しかし、知多半島の盛田葡萄園の500ha構想のようにヨーロッパ系品種の栽培がこれからだという時にフィロキセラに襲われ全滅していき、ヨーロッパ系品種は日本の気候では栽培できないという神話が広がっていったのでした。

このような明治のワイン造りについて、明治41年（1908）９月、東京大成会から『大日本之実業』大成会編輯局編が発行され総括されています。これによると、「葡萄酒はいろいろな醸造物のなかで最も発達しなければいけないのに発達が遅い。明治10年（1877）ころより一時盛んになったが、葡萄酒造りの技術はあまり進んでおらず好結果を出していない。葡萄酒の名前を付けて一般人の口に合う甘酸の風味を擬製して一時流行ったものもある。明治14年（1881）に神谷傳兵衛の香竄葡萄酒が出て大いに流行って類似の葡萄酒が多くなったが、しだいに純良葡萄酒の需要も増えてきた。一方、醸造技術や栽培技術も進み純良葡萄酒を産出するようになったが、まだまだ欧州の葡萄酒には及ばない」との評価でした。

また、『大日本洋酒缶詰沿革史』においては、明治３年（1870）の山田宥教と詫間憲久のワイン造りから大正３年（1914）の登美の大日本葡萄酒株式会社までを紹介したあと、「このように、葡萄酒の醸造をくわだてた者は少なからずいる。現今の約四百の事業者があるといえども、朝現暮消（朝現れて夕方消える）かつ多くはその規模が狭小で見るに足る事業者はきわめて少なく、従って事蹟を逸するものまた多い」と述べています。ワイン醸造所の多くは規模が小さく、見るに足りないとのことでした。

しかし一方で、筆者である大蔵省の今井次吉、矢部規矩治は「将来は有望であることを信じなさい」とも述べています。ワインは世界商品なので、品質の改良を図り輸出を視野に入れなさいとのことでした。

> 「（我が国の葡萄酒は）すこぶる微弱なものであるといえども、私はこれをもってみだりにその業の前途を悲観するものではない。というのも本品のような世界的な飲料ともいうべき嗜好品は、需要の範囲が極めて広大にして、かつ新たに嗜好を開拓しないといけないような清酒のようなものと異なって輸出品としての素質に富んでいるので、当業者は内外の趨勢に鑑み品質の改良を図りその向かう所を誤ってはならない、前途はすこぶる有望だということとを信じるべきである」

識者においては、既にこの時代から輸出を考えていたのです。このコメントから約100年後、甲州ワインの世界進出が始まりました。山梨県

ロンドンでの第一回プロモーション（KOJ主催）。多くのワイン関係者が甲州ワインを試飲

内ワイナリーの15社の集まりKOJ（甲州・オブ・ジャパン）が、ＥＵ市場に輸出することのできる基準で甲州ワインを醸造して、世界のワイン情報の７割が発信されるロンドン市場にアプローチしたのでした。

2010年１月15日、ロンドンで行われたテイスティング会。ここには私も参加しましたが、イギリスの流通事業者やジャーナリストなど150名を超えるワイン関係者が集まりました。世界で最も影響力のあるジャンシス・ロビンソン女史が来場して、全てのワイナリーのブースで全ての甲州ワインを試飲していたことが今も瞼に残ります。あれから10年、今ではＥＵへの輸出はもちろん、世界の醸造家の多くが甲州ワインの名前を知るようになりました。

ナチュラルワイン

ナチュラルワインと消費者ニーズ

さて、変わっていく消費者ニーズについて触れます。

これまで明治を中心に日本ワインの歴史を振り返ってきました。ワイン生産者は、ヨーロッパにおけるワインの消費スタイルを念頭に本格ワインの醸造を目指してきましたが、明治においては、その品質以前にワインそのものが消費者に受け入れられませんでした。ですからこの時代、ワインは甘味葡萄酒として薬の市場で生き残ってきました。そして現在、日本ワインは、「食事とともにある食中酒」となろうとしています。

ここで世界のワイン市場に大きな変化が生まれてきました。それはナチュラルワインです。葡萄栽培において農薬や化学肥料等を使わないオーガニックワインに対し、ナチュラルワインはオーガニックであるだけでなく醸造工程においても自然酵母による発酵を基本として、亜硫酸などの薬品を使わないワインのことをいいます。ただ、醸造の最終段階では出荷管理のために必要最小限度の亜硫酸の添加は認められています。

このナチュラルワインについて、2019年、ボルドー大学のジル・ド・ルベル教授が山梨に来て講演をしています。ルベル教授は、日本ワインコンクールに初期の段階から審査員として参加していただいているワイン官能学の世界の第一人者です。准教授から教授になる論文では、山梨で一緒に飲んだ紹興酒の酸化臭をきっかけにワインの欠陥臭について発表したとのことで、「山梨に来たことで教授になれた」と笑って話してくれました。教授は講演のなかで次のように課題をあげました。

「今日の消費者のナチュラルワイン志向は醸造学を超えている。化学がもたらす絶え間ない進歩への信頼性に対する疑問がそこにはある。官能評価では、従来のワインとナチュラルワインとは大きな違いがある。我々が欠陥臭や再発酵、酢酸発酵と言っているものが自然だという。それらをなくすためワイン醸造には亜硫酸は欠かせなかった。亜硫酸を全く使わないでワインを造るというのは大きな課題だ。これはパスツール以前の時代にまでさかのぼることになる」

「今日のワイン醸造学では、葡萄以外の添加物を減らしてほしいという期待に応える必要がある。ボルドー大学の友人の経済学者は、いつも私に、『消費者が一番正しい』と言ってくる。確かにそうかもしれないが、ナチュラルワインについてはなかなか自分の考えに合わないので課題だと思っている」

ナチュラルワイン。これはこれからのワイン産業にとって、避けられないワイン造りの課題になりそうです。2020年の３月に、フランスにおいてオーガニックで葡萄を栽培し、野生酵母で発酵して亜硫酸を添加しないなどの規定を満たして造ったワインは、ナチュラル製法ワインを名乗れるようになったとのことです。ＥＵの既存法ではナチュラルワインとは名乗れないのでナチュラル製法ワインという呼称で、当面は３年間の試験期間を設定しているようです。

保存料添加をめぐって

私を含めて多くの日本ワインの関係者は、ルベル博士と同様にナチュラルワインに懐疑的でした。しかし、ルベル博士も言っているように「添加物を減らしてほしいという期待に応える必要がある」のはもちろん、甘味葡萄酒の例をとっても「消費者が一番正しい」あるいは「最後は消費者の価値観が決める」ことは、近代の歴史では避けられない事実になっています。そこで、この食品添加物の明治以降の歴史について確認しておきます。

明治９年（1876）12月、ドイツからオスカー・コルシェルトが東京医学校（現、東京大学医学部）製薬科に招かれました。彼は、ベルリン大学で化学を学んだ後、ドレスデンやライプチッヒのビール会社で化学技師をしていました。この時、食品保存料のサリチル酸を使用して成功を収めたと伝えられています。

コルシェルトは日本においても、サリチル酸の普及に取り組みまし

山梨県北杜市にあるヴォー・ペイ・サージュの葡萄畑。岡本英史は浅井昭吾氏を師と仰ぐ日本を代表するナチュラルワインの造り手

た。特に日本酒の保存のために使われたサリチル酸は、コルシェルトの発案以来、昭和48年（1973）まで日本酒に使われ続けてきたのです。ちなみに、サリチル酸は、柳の樹皮から抽出されるサリシンを原料としてつくられた抗炎症剤で、アスピリンの原料ともなっている物質。昔から「歯痛の時には柳の樹を噛め」「爪楊枝は柳の樹」というような薬効も伝えられています。

明治以前から、日本酒造りの課題はその保存法にありました。このため、日本酒においては火入れが一般的に行われていた他、各蔵特有の薬草や煎じ薬などを使って酒の保存を図っていたのです。しかし、杉などの木樽で貯蔵している酒は絶えず微生物汚染にさらされていて、火入れは毎月行わなければなりませんでした。このため次第に酒の色が濃くなり酒質の劣化も著しかったといいます。また、日本酒の最大の課題は「火落ち」。これは酒が桶ごと腐敗してしまうことであり、このことは酒蔵の経営だけでなく、税収の多くを酒税に頼っていた明治政府においても大きな課題でした。

明治に入り多くの西洋の医薬品が日本に入ってきた時、日本酒業界が真っ先に取り組んだのがこの「火落ち」防止のための化学薬品の使用でした。そして、明治13年（1880）にコルシェルトの講演が『酒類防腐新説』として訳され出版されると、瞬く間にドイツから輸入されたサリチル酸は全国に普及していったのです。

その後、ヨーロッパ諸国におけるクロロホルムやサリチル酸の使用禁止の状況が、日本でも明らかになってきます。そして、これと同じタイミングで、衛生上問題があるワインを国の衛生試験所が発見します。明治32年（1899）のこの問題をきっかけに、翌年国では「飲食物其の他の物品に関する法」を公布。明治36年（1903）には「飲食物防腐剤取締規則」を定め、多くの防腐剤の使用を禁止したのです。

しかし、猶予期限を切ってではありますが、日本酒にだけはサリチル酸の使用が認められたままでした。これは、酒造業界の要望でもあり、国の税収確保上の措置でもあったのでした。その後、何度もその使用期間は再延長され、大正３年（1914）には事実上サリチル酸の使用は無期限に可能となります。そして、昭和25年（1950）には再び果実酒においても使用できるようになるのです。

そして、昭和36年（1961）、ＷＨＯ（世界保健機関）によって、サリチル酸は使用が好ましくない添加物として指摘されます。加えて昭和44年（1969）には、サリチル酸の毒性に関する研究が発表され、チクロの発がん性問題とともに社会問題化します。このため、まず、合成清酒、果実酒、食酢、味醂などの各業界がサリチル酸の使用を中止。次いで日本酒業界においても使用を中止する声明を出し、昭和48年（1973）についにサリチル酸の使用が全面的に廃止されたのでした。

今となってみれば「当時は何という酒を飲んでいたんだろう」という声も聞こえてきそうですが、これが歴史です。そういう歴史から我々は何を学び、今後実際にどう行動するかが重要ではないでしょうか。ナチュラルワインの方向性も、後世の人々から見たら普通のことになっているのかもしれません。

棚を利用して一文字短梢で仕立てたプティ・ヴェルドの畑（丸藤葡萄酒工業）

夢の萌芽 ── ワイン専用葡萄の大規模栽培

平成の30年間を通して、日本におけるワインの消費量は約３倍になりました。新酒ブーム、赤ワインブーム、そして今はニューワールドブームから日本ワインブームともいわれています。数回のブームに引っ張られるようにワインは消費量を伸ばし、ブームが過ぎ去ると２～３割消費量が縮小することを繰り返して日本のワイン市場は拡大してきました。

ただ、このところのブームでは、一段落し消費量が減少する揺り戻しは数％に留まり、日本の食卓にワインが定着してきた観が見られます。この間、日本酒はその消費量を３分の１に落としていますので、ワインの消費量は日本酒の４分の３に迫っている状況となりました。明治時代、誰がこのような状況を想像したでしょう。しかし、拡大した日本のワイン市場において、国産葡萄から造った日本ワインのシェアはわずか５％にも満たないこともまた事実です。

これまで見てきた通り、生食用のための葡萄畑は全国で拡大していき、葡萄産業の活性化ばかりではなく、その景観によってワインをテー

メルシャンの椀子ヴィンヤード（シャトー・メルシャンワイン資料館）。ワールズ・ベスト・ヴィンヤード・アワーズ2020で世界ベストワイナリー第30位に選出され、アジアナンバーワンにもなった。明治の先人の思いが一つ実現された

マとした観光も盛んになり始めました。ワインツーリズムという仕掛けによって、多くのワイン愛好家が日本各地のワイン産地に訪れるようになったのです。

また、日本のオリジナルな甲州ワインがロンドン市場を始め世界に打って出ることによって、日本ワインの認知度も次第に上がってきました。そして、今後の課題といえるナチュラルワインの取り組みにしても、真剣に考えて実行している醸造家も出始めています。

生食用の葡萄畑が拡大してきた一方で、ワイン造りのためのワイン用品種の大規模産地化の取り組みはこれまであまり進んできたとはいえませんでした。進まなかった原因は、浅井昭吾氏が言うところの「宿命的風土論」に影響されてのことでしょうか。

丸藤葡萄酒工業の大村春夫さんは、以前こんなことを話してくれました。「私がボルドーの研修から帰りカベルネ・ソーヴィニヨンを植えようとした時、日本では雨が多いので垣根式栽培では無理だよと言われました。そこで棚式で栽培したのですがうまくいきませんでした」。しかし、その後丸藤葡萄酒工業は昭和63年（1988）からプティ・ヴェルドというフランス品種を垣根式などで栽培して赤ワインを仕込みます。以来30年、コンクールで何度も金賞を取るなど日本でもヨーロッパ品種が育

まるき葡萄酒の中富良野ヴィンヤード（まるき葡萄酒）

てられるのだと実感したと言います。

また、中央葡萄酒の三澤茂計《しげかず》さんは、北杜市明野町《あけのちょう》に12haの葡萄畑を開拓しました。明野農場と名付けられたこの葡萄畑では、カベルネ・ソーヴィニヨンやカベルネ・フラン、シャルドネといったヨーロッパ品種を栽培していますが、このシャルドネからシャンパーニュ方式で造ったスパークリングワインはロンドンのワインコンクールで世界最優秀賞を獲得したのです。さらに、この農場では垣根式栽培で甲州葡萄の量産化に初めて成功しました。三澤さんは、この葡萄園の開拓を指導してくれた南アフリカ・ステレンボッシュ大学のハンター教授から、「どうして他の日本のワイナリーは三澤に続いて自社畑の開発をしないのか」と言われたといいます。

しかし、歴史は少しずつ動き始めました。国税庁による国産ワインの表示基準の見直しにより、2018年10月より国産の葡萄100％で国内で醸造したものでないと日本ワインと表示できないことが決められると、日本ワインをリードする大手のワイナリーが増産に向け日本各地で葡萄畑を拡大し始めたのです。

なかでも宮崎光太郎の流れをくむメルシャンは、2019年長野県上田市などに30haを超す椀子《まりこ》ヴィンヤードを整備し、自社畑中心のワイン醸造に踏み切りました。また、土屋龍憲が創業したまるき葡萄酒も葡萄畑100ha計画をもって北海道や長野、群馬など日本各地で葡萄畑を広げ始め、川上善兵衛のマインドを引き継ぐサントリーも山梨各地などでの開拓に積極的に取り組み始めています。

ワインを産業としてとらえ、地域の経済を豊かにするために大規模に葡萄畑を開墾しワインを造ろうとしていた明治の醸造家の夢が、実現に向けて動き始めたとは言い過ぎでしょうか。ただ、こんなにも多くの日本人がワインを日常的に飲んでいるのに、肝心な日本ワインのシェアが５％にも届かないことを明治の人が知ったら「何をグズグズしていたんだ」と言われそうです。明治のワイン造りの歴史を知れば知る程、自らワイン市場をつくり上げなければならなかった先覚者から「ガンバレ」のエールが聞こえてきます。

今こそ、ワイナリー自らが大規模な葡萄畑を開拓し経済的にも毎日飲めるようなワインを醸造することによって、日本ワインを日本の食卓に欠かせないパートナーにする時なのではないでしょうか。そのうえでテロワール（その葡萄畑だけの超微細気候）による日本ワインの評価をすべきだと私は考えます。時は地方創生の時代、現代の醸造家や日本ワインを取り巻く関係者に高野積成や川上善兵衛たちのような情熱が湧き上がってくることを期待します。

◆主な参考・引用文献集覧

＊『』は図書、「」は論文・資料

『大日本洋酒缶詰沿革史』朝比奈貞良編（1915）日本和洋酒缶詰新聞社
『日本のワイン・誕生と揺藍時代』麻井宇介（1992）日本経済評論社
『山梨のワイン発達史』上野晴朗（1977）勝沼町
『日本ワイン誕生考』仲田道弘（2018）山梨日日新聞社
『みかどの都』ジョン・レディー・ブラック、金井圓・広瀬靖子編訳（1968）桃源選書
『ぶどう酒物語』山梨日日新聞社編（1978）
『果樹栽培全書』福羽逸人（1896）国立国会図書館蔵
『甲州葡萄栽培法』福羽逸人（1881）有隣堂、国立国会図書館蔵
『美味求真』木下謙次郎（1925）啓成社、国立国会図書館蔵
『開智新書』永井久勝（1883）徳盛館、国立国会図書館蔵
『咸臨丸航海長小野友五郎の生涯』藤井哲博（1985）中公新書
『農業三事』津田仙（1874）国立国会図書館蔵
『青山学院の歴史を支えた人々』気賀健生（2014）青山学院
『女学雑誌』女学雑誌社（1903）国立国会図書館蔵
『明治前期産業発達史資料』明治文献資料刊行会編（1962）国立国会図書館蔵
『公爵桂太郎伝 乾巻』徳富猪一郎編（1917）故桂公爵記念事業会、国立公文書館蔵
『大日本麦酒株式会社 30 年史』浜田徳太郎編（1936）大日本麦酒株式会社
『サッポロビール 130 周年記念誌』サッポロビール株式会社（2006）
『弘前・藤田葡萄園』藤田本太郎著（1987）北方新社
『日本醸酒編』ロバート・ウィリアム・アトキンソン（1882）国立国会図書館蔵
『醸造篇』西川麻五郎（1888）国立国会図書館蔵
『葡萄三説』髙野正誠（1890）国立国会図書館蔵
『三楽 50 年史』三楽株式会社社史編纂室（1986）
『神谷傳兵衛と近藤利兵衛』日統社編輯部著（1833）国立国会図書館蔵
『川上善兵衛伝』木島章著（1992）サントリー株式会社
『葡萄栽培新書』桂二郎（1882）国立国会図書館蔵
『葡萄提要』川上善兵衛（1908）実業之日本社
『実験葡萄栽培書』川上善兵衛（1899）博文館、国立国会図書館蔵
『実験葡萄全書（上・中・下）』川上善兵衛（1932）地球出版

『通俗園芸講話』博文館（1926）国立国会図書館蔵
『葡萄栽培法』太田敏輝著（1952）朝倉書店、国立国会図書館蔵
『最新葡萄酒醸造法講義』東京国税局鑑定官室（1954）国立国会図書館蔵
「三田育種場着手方法」前田正名（1877）国立国会図書館所蔵
「葡萄酒と薬用葡萄酒の両義的な関係」早稲田大学福田育弘教授（2016）
「明治６年／明治７年府県物産表」内務省勧業寮、国立公文書館蔵
「葡萄酒一万瓶醸造見積書」内務省、国立公文書館蔵
「独逸農事図解 第三 葡萄酒管理法」勧業寮（1875）サドヤ醸造場蔵
「アメリカの新聞報道が語るワカマツ・コロニー」武蔵野美術大学小澤智子教授（2018）
「日本人移住史とセンサス史のリンケージ：1860 ― 1870 年」東京学芸大学菅美弥教授（2018）
「藤村県政に招かれた永田方正とその著書『西洋教室』・第２課担当城山静一・葡萄醸造所指導者大藤松五郎とその周辺」保坂忠信（1983）山梨学院大学一般教育部論集第６号
「山梨県八代郡祝村における葡萄酒会社の設立と展開」筑波大学湯澤規子教授（2013）
「第一回内国勧業博覧会出品目録」（1877）国立国会図書館蔵
「果物雑誌　山梨県葡萄酒醸造株式会社」高野積成（1898）日本果物会
「果物雑誌　富士葡萄業伝習所開設に就（つい）て」高野積成（1904）日本果物会
「明治十年同十一年中往復記録」「葡萄栽培並葡萄酒醸造範本」シャトー・メルシャンワイン資料館蔵
「大黒天印甲斐産葡萄酒沿革」甲斐産商店（1903）シャトー・メルシャンワイン資料館蔵
「農談雑記第一篇」東京談農会（1880）
「山梨蚕業家略伝」小林喜太郎（1893）国立国会図書館蔵
「果樹蔬菜高等栽培論」福羽逸人（1908）国立国会図書館蔵
「葡萄樹害虫・農商務省報告（官報）」（1885）国立国会図書館蔵
「清酒防腐剤・撒里矢爾（サリチル）酸の変遷」山田光男（1983）薬史学雑誌

出版に寄せて

とある深夜、当時山梨県の観光部長をしていた仲田さんに電話を入れました。「県のブランド戦略としてワイン県宣言をしたいけどどう思う？」と。答えは二つ返事で「ぜひやらせてください！」。

2019年の８月７日にワイン県宣言をして、また電話をしました。「林真理子先生を副知事にしたいけどどう思う？」。仲田さんからは「それでは林先生と日本ソムリエ協会の田崎真也会長のダブル副知事で行きましょう」。すぐに林先生と田崎会長に連絡を入れてＯＫを頂きました。

ワイン県を宣言して、改めて日本のワイン造りの歴史を振り返ってみました。もちろん２年前に仲田さんが著した『日本ワイン誕生考』でです。私は、内務大臣の大久保利通や山梨県知事の藤村紫朗の「ワインを産業にして国を豊かにしたい」という熱い思いにたいへん感動しました。私自身も、第一代知事の藤村紫朗からバトンを引き継いでいる知事として、山梨のワインはもちろん、日本全体のワインを山梨が引っ張っていくという気概で仕事をしなければと考えるようになりました。

世界に日本ワインを発信すること。これがワイン県やまなしの目標にもなりました。幸い田崎真也副知事に、山梨のアンテナショップをワイン県のイメージショップにリニューアルしていただき、2020年７月、東京日本橋にオープンすることができました。

日本ワインの歴史をたどる今回の２冊目の本は、人物に焦点を当てていてストリーがつかみやすく、日本のワインの草創期の流れを知るうえでのお勧めの決定版といえます。また、突然電話をすると思いますが、これから日本ワインが進むべき道など種々ご教授ください。

2020年　８月

山梨県知事　長崎 幸太郎

あとがき

明治18年（1885）５月16日の官報でフィロキセラの被害が報告されています。「その惨状あたかも虎列刺（コレラ）病の如し」「適当な駆除及び予防法は得ていない」とあります。フィロキセラが三田育種場で発見されたのが５月14日ですので、直後の官報に載せるくらい勧業寮の関係者は重要なことだと考えていたのです。

この時、直ちに三田育種場から外国産葡萄苗を配布した各府県に電信が打たれました。山梨県の勧業課にも連絡があり、東京から勧業寮御用掛の小野孫三郎が駆けつけます。しかし、勧業課はその電信を何もしないでそのままにしていたと、小野の復命書には憤って書かれています。調査の結果、幸いにも山梨県ではフィロキセラに感染した葡萄樹は見当たりませんでしたが、もしこの時感染していたら山梨の甲州葡萄は知多半島のように絶滅していたと考えられます。

官報でフィロキセラのことを「その惨状あたかも虎列刺（コレラ）病の如し」といっていますが、実は江戸末期から明治にかけては日本においてコレラが蔓延していたのです。江戸末期のコレラによる死者は10万人とも30万人ともいわれ、明治12年（1879）、19年（1886）には死者10万人を超える大流行をしています。その後、明治23年（1890）、28（1895）年などにも流行し、明治を通して30万人が亡くなっている大変な伝染病が蔓延していたのです。ですから、薬用葡萄酒、甘味葡萄酒の市場があったといえるのです。

現在、新型コロナウィルスの影響で先が見通せない状況ですが、歴史を振り返ると、改めて明治の人たちのエネルギーが身に沁みます。コレラ感染の危機にあっても、全くゼロからワインを造った山田宥教と詫間憲久、フランス語がわからないなかワイン実習を続けた高野正誠と土屋龍憲、全財産を失いながら大規模葡萄園の開拓にチャレンジし続けた高野積成、そして500種類の葡萄の栽培と１万311回の葡萄の交配を続けた川上善兵衛。ともすれば歴史の流れのなかで分断され埋もれてしまう彼らの取り組みを、関連性を持たせ後世に残したいとの思いからこの本を書き上げました。

前回上梓した『日本ワイン誕生考』（山梨日日新聞社）は、いくつかの新しい資料の発見を含めて明治のワイン造りにおける一次資料を集めた資料集としてまとめました。今回はそれらの事実をつなぎ合わせ、さらに時代背景を重ね合わせながら人物に焦点をあてて歴史の真実に迫ってみました。

この本を書くにあたって、浅井昭吾氏が綴った『日本のワイン・誕生と揺籃時代』（日本経済評論社）を読み返しました。すると、これまで読み飛ばしていたワインを取り巻く時代背景が明らかになってきたのです。そこでは改めて浅井氏がワインにかけた情熱を実感するとともに、氏が生前に「これからは皆さん自身が考えて、これまでの枠にとらわれないワイン造りをしなさい」と若手の醸造家に語っていた本当の思いが見えた気がしました。

結びに、日本ワイン協会会長の山本博先生、田崎真也さん、長崎幸太郎山梨県知事、さらに本書の執筆・出版を粘り強く勧めてくれた創森社の相場博也さんをはじめとする編集関係の方々、また、資料、写真などの提供・協力先の皆さん、応援してくれた妻の直子さんには改めて感謝いたします。そして、本書がこれからの日本ワインが歩む方向を照らす一助になることを願ってやみません。

著 者

棚栽培の甲州葡萄

地下貯蔵庫（サドヤ醸造場）

●

装丁――――熊谷博人
デザイン――――ビレッジ・ハウス　ほか
写真・資料協力――――国立国会図書館　山梨県立図書館　山梨近代人物館
甲州市教育委員会　神奈川県立図書館　函館市中央図書館
山梨県埋蔵文化財センター　東京大学史料編纂所
岩の原葡萄園　オエノングループホールディングス
シャトー・メルシャンワイン資料館　まるき葡萄酒
サントリーホールディングス　稲美町教育委員会
津田塾大学津田梅子資料室　国立公文書館
松本良一　高野正興　角田了一　サドヤ醸造場
丸藤葡萄酒工業　中央葡萄酒　ほか
校正――――吉田 仁

●仲田 道弘（なかだ　みちひろ）
1959年、山梨県生まれ。筑波大学社会学類卒業後、山梨県庁入庁。30年にわたりワイン産業の振興に携わる。ワインの「品質」「マーケティング」「デザイン」「地域ブランド」「輸出」「観光」など、山梨ワインを様々な視点から後押ししてきた。山梨県観光企画・ブランド推進課長、観光部長などを歴任し、現在、（公社）やまなし観光推進機構理事長。山梨県立大学客員教授。ブドウ・ワイン史研究家。
著書に『日本ワイン誕生考～知られざる明治期ワイン造りの全貌～』（山梨日日新聞社）などがある。

日本《にほん》ワインの夜明《よあ》け～葡萄酒造《ぶどうしゅづく》りを拓《ひら》く～

2020年 8 月21日　第 1 刷発行

著　　者——仲田道弘《なかだみちひろ》

発 行 者——相場博也

発 行 所——株式会社 創森社
〒162-0805 東京都新宿区矢来町96-4
TEL 03-5228-2270　FAX 03-5228-2410
http://www.soshinsha-pub.com
振替00160-7-770406

組　　版——有限会社 天龍社

印刷製本——精文堂印刷株式会社

 ISBN978-4-88340-343-1 C0061